JN072390

おかしな友情

正反対のウチらが
一生モノの友達になるまで

むくえな

宝島社
文庫

皆さんこんにちは、むくえなです！

私たちは、むくとえなの2人組YouTuber。

小学1年生からの幼馴染で小中が一緒。

結成日は2016年7月18日。

MixChannel（通称ミクチャ）に動画を投稿したのが始まり。

今はYouTubeを中心にSNS活動や、音楽活動、

オリジナルグッズブランドのプロデュースなどをしています。

YouTubeでは主にご飯を食べたり、ドライブをしたり、

2人でお出かけする動画だったり、、

幼馴染の私たちならではの空気感と

女子会のような等身大のトークをお届けしています。

視聴者さんやファンの子は9割が女の子で、

主に10代から20代の同世代の子が多いです。

普段しょうもないことばっかり話している私たちですが笑、
この本では初めてマジメに、むくと出会った頃のエピソードや
日常生活、価値観、生き方みたいなもの、
病んだ時の対処法や女子の友情についてなどなど
これまで語ってこなかったマジメな話も語っちゃいます。

"普通の女の子代表"の私たちならではの、
ちっちゃな工夫とかって感じの内容ですが、、
一応17年間ケンカなしなので、友達関係のヒントとか、
読者の皆さんにつかんでもらえたらうれしいです!

それではどうぞ、最後までお付き合いください!

むく

私はマイペースでめんどくさがりです。
よくふわふわしてるとか、ぼーっとしてるって言われます。
何にも考えてなさそうで、本当に何にも考えてないです。
でも自分の意見はしっかりあるタイプです。
あとは肝が据わってるって言われます。
大体のことは何とかなるって思ってます。
睡眠、美味しいもの、かわいいもの、動物、自然、
綺麗なもの、が好きです。
自分のお気に入りなところはむくってインスタで検索すると
柴犬がいっぱい出てくるところです。

えな

一言で言うなら天真爛漫です（よくファンの子に言われる）。
あとはとっても心配性で、考えすぎちゃう性格です。
ベースとして長女っぽい性格をしてると思います。
世話焼きで、甘えるのが苦手。
あとは楽しいことが大好きで、
楽しそうなところに寄ってきます笑
月とか空が好きです、占いも好きです、
あとキラキラしたものが好きです。
キラキラした青春とか、
キラキラしてれば形のないものでも好きです。
人を笑わせるのも大好きです。
褒められるのも大好き、
褒められると伸びるタイプ（覚えておいてネ）。

contents

第2章
ちょっとマジメな話

第3章
おかしな友情

ふたりの出会い

不思議なふたり

ふたりの距離感

女子の人付き合い

うちらが「おばあちゃん」になっても

【文庫版スペシャル特典】むく&えなぴフルカラー描き下ろしイラスト

第 **1** 章

正反対の
ウチらの日常

むくえな
といえば
「食」

思い出の駄菓子屋さん

え むくえなはYouTubeによく爆食動画を上げているから「相方と食べた思い出の食べ物は?」とかよく聞かれるけど、毎回いい答えってないよね笑
え〜、なんだろう?

む そうなんだよね、絶対何かしらあるんだけどね。
でも色々あるんだよ、実は。
なんせ小学生の頃から一緒だからね。

え あれとか、なんとなく、むくとの思い出って感じのやつがあるんだけど覚えてるかな...笑
「カスタードチョコクリームパン」
どう???笑笑笑笑

む きた、全然わかんない。

(え) やばきまず^ ^
中2か中3くらいの時、
毎週月曜日の部活がない日に一緒に帰って
駄菓子屋さんでそのパン買って
バス停で食べながら夜まで語ってたの
覚えてない??
100円の商品を「100万円^ ^」って言って
レジ打ってくるおばちゃんのいる駄菓子屋さん笑

(む) うわ〜〜あったね〜〜。
あのおばあちゃん優しくてかわいくて
大好きだったなぁ。
あとあれハマったの覚えてる??
「おいももなか」

(え) はい、それと迷った。
まじでそれハマってたよね笑

(む) そう、秋になると絶対食べようとしてた。
あそこの駄菓子屋さんにしか
なぜか置いてなかったんだよね笑
この感じとか、今の動画と
やってること変わってなくて面白いかも。

え わかる、あの頃くらいから
2人でいること増えた感じあるよね。
もしかしたら、あの駄菓子屋さんが
うちらのホームなのかも。

む たしかに。

え ね、たしかにだよね、、、

mukuena

半分がチョコクリームで
半分カスタードが入っているパン
どっちから食べるか迷うのあるある（えなび画）

なんでも好き vs こだわり強い

(え) 食べ物の好き嫌いに関してはむくは
語るのむずいかも笑
基本嫌いな食べ物ないしなんでも好きだよね笑
でも特に生牡蠣(がき)、カオマンガイ、豆苗、
とかが好きだった気がする!
パクチーとかクセ強めなものも食べれるし、
食に関して好きなものの幅が広くて
どんな場所に行っても楽しめるのが羨(うらや)ましい!

(む) そうなんだよね、本当に食べ物だったら
なんでも美味しいって思うタイプなの。
だって人間が食べれるよ〜美味しいよ〜って
作ったものなんだよ!
私だって美味しく食べれるはずって思うんだよね、
でも逆に何食べたい〜?って聞かれても、
なんでも好きだし相手に合わせられすぎて
逆に困らせちゃうことはあるかも、、

えなぴーは「絶対食べられない」みたいなものは
少ないけど、細かいこだわりがあるタイプかも。
玉ねぎは火通ってれば食べられるけど
生だと食べられないとか、
プチトマトは食べられるけど
トマトジュースとか普通のトマトはダメとか!

（む）好きな食べ物ははっきりしてて、
フライドポテト、唐揚げ、ハチミツ、チョコ
これは公式で決まってます笑
この感じでわかると思うんだけど、
めっちゃ子ども舌です。
でも、食べられるものを増やしたいみたいで
ビールとかコーヒーとか飲んでみてる時あるけど
毎回挑戦するたびに「苦!!!!」って言ってて、
めっちゃ面白いです。
いつか飲める時が来るといいね！

（え）こう見ると、うちって
ややこしいように見えて実は単純なのかも()
うち的には絶対食べれないのは
パクチーとセロリくらいで
それ以外は好きじゃないもの多いけど
出されたら食べれるくらいの嫌い度だから
そこまで友達とのご飯で
困ることもあんまりないです。
大人になると味覚が変わるっていうけど
私それすごい実感してて、
昔は中華料理とか好きじゃなかったけど
最近になって好きになったし、
もしかしたら成長のスピードが遅いだけで
私も少しずつ子ども舌から大人舌に
なっていってるのかもしれない！
いつかむくとビールで乾杯してみたいな！笑

料理はふたりとも"×"です...

料理はね〜〜、なんだか耳が痛くなる気持ちです笑
なんでかというと、2022年の目標を立てた時に自炊をするって決めてたけど
全然達成できてないから...
私、「料理できる人ってかっこいいな〜」って
すごい思ってるんです。
だって同じ食材、調理器具が並べてあった時に
できる人とできない人で、
全く違うクオリティーのものが完成するんですよ!
自分で食べるものを自分で美味しく調理できちゃうのって
すごくかっこよくないですか?
すごく人生も豊かじゃないですか???
食べることが大好きな私からしたら、
料理できないくせに食べるの好きとかいうな!って
自分に思っちゃうんです。
だからまだまだ諦めてません…!
今年もダメだったけど、来年こそは、、!
と、今から意気込んでます。
もし、得意料理とかできたら
えなぴーに振る舞う会とかやってみたいですね。

むく

17

muku

ハンバーグにチーズをIN!

私、多分料理とかできなそうに見えると思うんですけど、
実はできないこともないんですよ＾＾
暇だった自粛期間に実家ではよく夜ご飯とか作るのを
手伝って、むしろ結構料理好きかもって思ってたんです。
だから一人暮らしでも、自炊する気満々だったんですけど、
いざ一人暮らし始めてみたら急に「あれ?」ってなって、、、
なんで急にそうなっちゃったかっていうと、
実家の時の「料理」は、
　・自分が考えなくても献立が決まってた
　・必要な材料が必要な量用意されてた
　・手順もコツも隣でママが教えてくれた
だったんですよね、、、
これが罠で、一人暮らし始めてからいざ料理しようと思ったら
何を作るか考えて、
必要な材料を買ってくるところから始まるし、
レシピをいちいち携帯で確認しながら作らなきゃいけないし、
手際も悪くて、だからなんか
急に料理が楽しいものからめんどくさいものになっちゃって、
あれ?みたいな笑
改めてこれを毎日してる主婦の方や一人暮らししてる方達は
本当にすごいなって思います。
そんなこんなでこの先1、2年は料理できない気がしてるので
料理キャラはむくに任せたいと思います＾＾

えなび

19

ena

えなぴママ指導のもと作った鶏の唐揚げときんぴら

mukuena

シャインマスカット食べながら引っ越し相談

mukuena

女子旅でステーキに感動する2人

家トーク

理想のおうち妄想

私は理想の住まいとか結構ちゃんとあるタイプで、
昔から他のおうちの外観とかを見るのが大好きなんです。
鎌倉とかいいおうちが多くて、
あの辺散歩するだけで結構楽しいんですよね！
「どんな人が住んでる？　中はどんな？」
って想像しながら歩くんです。
実家が一軒家だったこともあって、
将来は一軒家を建てたいな〜って思ってます。
理想は、家の真ん中に中庭を作ってそこに一本の木を植えて
その周りを一周できる間取りがいいなって思います。
（ちなみにこれは両親が本当は
マイホームつくる時にやろうとしてた間取りなんです）
現実問題色々と大変だと思うけど。笑
あと場所は絶対川とか自然がある場所！
これだけは譲れないこだわりです。
昔から川とか木とかが大好きだったけど
一人暮らしで東京近郊から都内の方に来て
やっぱり自分は自然が大好きって改めて気づいたんです。
自然に囲まれると息がしやすいし、
川の音や空気の香りとかそういうのをちゃんと感じられないと自分
が100％の状態じゃいられなくなってしまうと思うんです。
今から将来のマイホームが楽しみです。

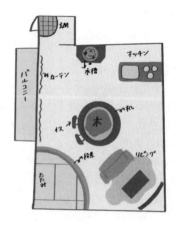

家の真ん中に木を植えて自然を感じる住まい

今ちょうど引っ越しを考えてて、理想の住まいと聞かれると
どうしても収納多め、南向き、駅近、カウンターキッチン...
とかそういうのばっかり出てきちゃうんですけど、笑
人生の最終的な住処は、地元の方で一軒家が理想です。
うちらの地元って程よく栄えてて、生活に困らないし、
都内にも出やすいし、かといって窮屈な都会の感じがなくて
その都会と田舎のいいとこ取りみたいな自分の地元が大好きで、
都会での生活も好きだけど、結婚して子どもを産むなら
「自分の子どもにも自分の地元で育ってほしい」
みたいなのは少しあります。
あと絶対私は一軒家派です！　白を基調とした内装がよくて、
キッチンは絶対カウンターキッチンがいいです！　リビングにいる
家族を見ながら料理できるのがいいですよね。
実家がそうなんですけど、あの空間は好きでした。
みんなの顔が見える感じ。
庭も欲しい！　夏はプールできるくらいの少し広めがいいです。
あと、今初めて天井の高さはどれくらいがいいか
考えてみたんですけど、低めがいいかもです笑
天井が高い家は慣れてないから、なんか落ち着かなそう笑
家に関しては自分が仕事を家ですることもあって、
絶対妥協したくないタイプです。

えなび

ena

お風呂 & 洗面台	玄関	衣装部屋 & メイク部屋
WC	廊下	
寝室 & 作業部屋		リビング（カウンターキッチン）
バルコニー		

今の理想の間取り（一人暮らし）

衣装部屋をつくるのが夢！

こだわり派 vs 実用性重視派

インテリアも結構こだわりがある方だと思います。
メイクとかファッションとかも大好きだけど
どちらかというと、インテリアや雑貨にすごく興味があって、
昔からかわいいもの、自分が好きなものに囲まれて過ごしたい
っていう願望が強くあります。
これは母がそういうものにこだわっていたから
その影響があるのかなと思います。
YouTubeとかインスタとかで検索したりして、
参考にしたりするんですけど、
「この部屋と全く同じにしたいな」と思う部屋に
出合ったことはなくて、
「この人の部屋のこの家具かわいい!」とか
「こういう色みが素敵!」とか
部分部分でいろんな人を参考にしてます。
そこも唯一自分だけが作り出せる空間で過ごしたいっていう
一個のこだわりなのかもしれません。
好きな系統を話すと難しいんですけど、
アンティークのような温かみを感じる部分と、
タイルとかガラスのような無機質な冷たさを感じる部分、
どっちも取り入れるようにしてます。

わかりやすいものより、
少し複雑で見れば見るほど気づきがある部屋の方が、
住んでいて楽しくて好きなんだと思います。
あとはその家具や雑貨を買った経緯とかも
大事にしてます。
ネットで見つけてポチッと買うのもいいんですけど、
リサイクルショップに行って見つけたコップ、とか
家族と買いに行った観葉植物、
1人で台車に乗せて家まで運んだデスク、とか
その背景があると、よりそのモノを愛せて
幸せな気分になるんです。
だから、できるだけ直接見て
気に入ったものを購入するようにしてます。

muku

私はインテリアに関しては結構現実派かもしれないです。
かわいさよりも実用性で選んじゃいますね。
かわいいけど小さいテーブルより、
友達を呼んでも十分なくらいデカいテーブル、って感じで笑
だから自然と家の家具はシンプルなものが多いです。
っていうか元々シンプルなものが結構好きです。
よく考えたら柄物とか全然置いてないですね。
どこかこだわってる部分があるとすれば
色は統一感を出すようにしてます。
ほとんどが白とグレーですね。あるある笑
あとは青系のものが多いです。
本当はMVに使えるくらい
非現実的で派手な家とかにもしたいんですけど
どこかしら現実的な部分って出てきちゃうじゃないですか、
家電とか笑
こう考えたら本当に私って極端なんですね、
派手にしたいけど無理ならシンプルも好きだし、っていう。
実用性重視なんで、ある程度必要なものがそろったら、
もっと家をかわいくしたいとかの欲がないので、
（本当はあるけどめんどくさいが勝つ）
全然進化しないです笑
やるとすれば収納を増やした時だけですね笑

えなぴ

ena

初めての1人暮らし
突撃

10:06

一人暮らしを始めたむくの家に突撃した動画

（アポあり）

muku

初一人暮らしの幼馴染

突撃

8:29

一人暮らしを始めたえなぴの家に突撃して

ルームツアー（こちらもアポあり）

暮らし方

モーニング＆ナイトルーティン

私はまず起きたら一番にSNSをチェックします。
インスタを見て、みんなからのコメントとかDMとかも
必ずチェックします。眠気覚ましでもあります。
あとは何をするにも音楽を聴くことが
行動するスイッチになっているので、
スピーカーで音楽をかけます。
そして「しっかり動くぞ！」の戒めでカーテンを開けます。
（日差しって嫌でも自分を動かしますよね笑）
気分によっては窓も開けます。顔を洗って、歯を磨きます。
ここまでがルーティン化されていることかもしれません。
あとは、時間に余裕がある日は洗濯機を回したり、
メイクをしたり、またごろごろしたり、、笑　といった感じです。
夜は結構日によってバラバラかもしれないです。
やる気がある時は帰ってきてすぐお風呂に入るし、
領収書だってお財布から出してまとめます。
筋膜ローラーやったり、洗濯物を取り込んで畳んだり、、
やる気がない日はひどいです。
帰って部屋着に着替えて、一生SNS見て、気づいたら寝てます。
メイクだけは落とさなきゃ、、！って
深夜のよくわかんない時間に本能で目覚めて、
適当にスキンケアしてまた眠りにつきます。
毎日やる気があってくれたらありがたいです、、笑

muku

モーニングルーティンに欠かせないスピーカー

私もまずSNSをチェックします。そして白湯（さゆ）を飲みます。
「…えなちゃん、書籍だからってカッコつけなくていいよ」
って思われたかもしれないけど、わりとガチです笑
ハチミツとポッカレモンを混ぜて飲みます。
その白湯を飲みながらメイクや準備をする感じです。
ギリギリまで寝ていたい派なので、朝はいろんなことを
削ってすごくシンプルです笑　ちなみにアラームは
理想の「起きたい時間」と「起きないといけない時間」の
それぞれ5分前から1分おきに鳴らすタイプで、
その一番最後のアラームまで起き上がりません。
夜はとりあえずテレビでYouTubeを見てます。
音楽を流してても携帯をいじっててもゲームをしてても
絶対にテレビはつけてます、これは一日中かも。
誰かの声がずっと聞こえてるのが私にとって重要みたいで
音があればいいわけじゃないので、音楽だけじゃダメなんです。
あと最近はSwitch。テトリスをしないと気が済まないです笑
たまに世界大全とスマブラもします。
そして寝る時は絶対にイヤホンをつけて、
少し長めの動画を睡眠導入剤代わりに聴きながら寝ます。
家族系のYouTubeか、タロット占いが私的にはおすすめです笑
ナイトキャップはもれなく被ります。
そこは唯一意識高くて自分えらいな、ってところです（）

えなぴ

35

ena

家にいる時は一日中ついてるテレビ

休日は友達と遊ぶ vs ダラダラし倒す

休みの日は友達と遊んだり、
美容デーにしたり、、って感じです。

友達と遊ぶ時は、その友達によって遊び方が違くて、
基本は私の家にお泊まりして翌日遊びに出かけたり、
その逆だったりです。

趣味が似ている子とは、お買い物したり雑貨屋さんに行ったり、
お酒が飲める子とは居酒屋で飲んだり、温泉行ったり、
カラオケしたり、大体することなんて決まってて、
毎回遊ぶってなったらその友達と同じことをしてます、笑

「次こそ遠出しよ！」とか「次こそ違う居酒屋いこ！」とか
そんな会話をしながらまた同じことをします。

でもその "特別じゃない普通の日常" が続いてくれてることが
私の幸せです、、

でもたまには特別なこともしようね、、！！笑

muku

ある日のお出かけコーデ

私たちの仕事って出勤とか休日とかの概念がないので
多分みんなの感覚と違うと思うんですけど
まず私の中での「休みの日」の定義は、
仕事も友達との予定もない日です、笑
大体そういう日は急にやってきます、
「え！　明日私編集ないじゃん！　オフだ！」
みたいな感じで。
そうなったらもう、その瞬間からが「休みの日」です。
明日起きる時間を気にしなくていいとわかった瞬間
ゲームもするし、長風呂だってしちゃうし、
映画とかも見ちゃったりします。
明日のコンディションのために
前髪を丁寧に乾かすこともしなくていいんです！
寝る時アラームをかけなくていいし、
（明日は○時に起きる、○時に起きる...）
と、念じておく必要もないです！
...もうなんて幸せなんでしょう！！！
お休みの日のピークはここで
もう次の日はとにかくダラダラ過ごす、それだけです。
普段エンジン全開な分、
こういう日が定期的にないとパンクしちゃうので
無駄な一日のようで、とっても大事な一日です。

えなび

ena

とにかくダラダラ過ごす休日

お出かけ派 vs 家でテレビ&音楽

1人の時、何してるかな〜〜。
一人暮らしを始めたばかりの時は、家具や雑貨を集めるために
リサイクルショップとか雑貨屋さんを回ったりしてました。
あとは、好きな音楽を聴きながら、
いろんなところを歩いてました。
実家に住んでいる時にいつも電車とかで行ってた場所に
今は散歩がてら行けることがうれしくて!
あと、動画の企画で都内を運転することが増えて
ペーパードライバーから見事、
都心も無敵ドライバーに昇格してからは
1人ドライブとかもしたりしてます。
自分の成長っぷりにあっぱれです。
私は昔から工場夜景が大好きなので、
ふと思い立って深夜1時に家を飛び出して
見に行ったりもしましたね。
あの、奇妙だけど綺麗でゾクゾクする景色が大好きです。
そこから豊洲に朝日を見に車を走らせて、、
すごく好きな時間です。
友達との時間も大好きだけど、
やっぱり1人の時間って気持ちを整理できたり
新しい気づきが生まれたりして、大切な時間です。

むく

41

muku

「ゾクゾクする〜」(むく)

ん〜〜、
「モーニング＆ナイトルーティン」の項でお話ししたんですが、
私、部屋では一日中テレビをつけたり音楽流してるんですよね。
なので1人の時は基本的に
常にイヤホンして音楽聴いてますね（弱い）。
移動中とか買い物中はもちろんで、
漫画読む時とかも絶対聴いてます。
ちゃんとその漫画のイメージに合った曲を選んで
聴いたりとかもします。
あと編集中も聴きます。
片耳でパソコンの編集の音聴いて、もう片方で音楽聴きます。
昔から音楽が流れてる方が集中できてはかどるタイプです。
あとは1人で時間が空いた時は、カラオケに行ったりします。
1人だと気をつかわずに選曲できるのがいいですよね、
マイナーな曲とかも気にせず歌える。
でも曲のレパートリーが少なくて
なんだかんだ毎回同じのばっか歌ってるから増やしたいです笑
昔は苦手だった1人行動も、最近できるようになってきたので
1人で自由に過ごす時間を密かに楽しみ始めてます＾＾

えなび

ena

イヤホン。1人の時はフル稼働

muku

1人でも歌いながらお皿を洗う楽しそうなむく(19歳)

ena

好きな曲を聴きながらメイクをするえなぴ

メイク
&
ファッション

参考にしている人、いる?

これ結構ファンの子とかにも
聞かれることが多い質問なんですけど、
特定の人っていうのがいないんですよね。

「こういう雰囲気の人好きだな〜」
「こういう系統のお洋服着てみたいな〜」
っていうのでインスタとかで保存したりはするけど
どちらかというと感覚派だから、
すごい頭で考えて作ってるっていうよりかは
自分のセンスを信じて
メイクもファッションもしてるって感じです。

今は垢抜けメイクとか色々情報が多い時代だけど、
私はいまだにアイライナーとか結構長く引いちゃいます。
目を大きく見せたいというよりかはアイラインがかわいいから
引いてるって感じです(羽根みたいでかわいい)。

結局自分がそのメイク、ファッションが好きだったら
それが正解なんだと思います!
そのメイクをするのは自分!
その洋服を着るのは自分!　ですからね。

むく

muku

長めに引いたアイラインが好き

私もむくと同じで、「この人！」っていうのは特にないです。
SNSでたまたま流れてきた
知らない人のメイクを取り入れたりとか全然してます。
みんなからしたら私は
ファッションとかメイクの系統がはっきりしてて
えなぴっぽさがあるって感じに見えてると思うんですけど、
実は私自身としては自分がぐちゃぐちゃしてる感覚なんです笑
黒髪で強めなメイクのストリート系に惹かれる自分もいれば
茶髪でナチュラルメイクのヘルシー系に惹かれる自分もいて
多分私ってその惹かれる系統の振り幅が大きい方なんですけど
それに全部挑戦しちゃうんです、全部自分なりに取り入れる。
だから、言ってみれば中途半端かもしれないです。
でも逆に言っちゃえばいいとこ取り。
いろんな系統を取り入れてるから、
いまだに自分が何系統なのかとか、わかってません笑
でもそんな自分のファッションやメイクを好きだと言って
真似してくれてる子たちがいて（とってもうれしい…！）
もしかしたら、自分の好きなものを
自分なりに取り入れていった結果、
それがつぎはぎみたいな感じで
自分にしかないものになってるのかもしれないです。
今後も自分の好きなスタイルを確立するのは難しいと思うけど
私はそれくらいの方が楽しくて好きかも。

ena

自分なりにいいとこだけ取り入れてくスタイル

服は「戦闘力」を上げてくれる装備

その日のファッションは、
行く場所、すること、1人なのか友達となのか、
といった感じで状況とかに合わせて決めることが多いです。

美術館だったらそこの雰囲気に合うようなワンピース、
1人で作業する日だったらカジュアルなデニムスタイル、
デートなら自分が最大限かわいく見えるシルエット重視の服、
みたいな感じです。
「その日その日で違う自分になりきる！」
って感覚が楽しいんですよね笑

あと女の子だったら結構共感してくれると思うんですけど、
その日のコーデが気に入らない状態で出かけると、
その日1日100%で楽しめなくないですか？
ファッション含めて自分だから、納得いくコーデができてないと
自分が完成されてない状態で過ごすことになって、
心のどこかでそのことを考えてたりするんです。

だからこそ、場所とか一緒に過ごす人とかに合わせて
準備して出かけることってすごく大事なんですよね。

むく

muku

その日1日を100%楽しむためのコーデ

むくの決め方めちゃくちゃわかる。
結局洋服って自分の「装備」だから、ファッションだけで
自分の戦闘力が変わってくるっていうか、、笑
その日行く場所、相手とかによって
一番自分が自信持てる服で行きたい!

あとは、私は大体1個絶対取り入れたいアイテムがあって、
それ中心にコーデ組むことが多いかも。
靴とかアクセサリーとかなんでも
新しく買ったアイテムだったり、その時の気分だったり、
大体前日の夜寝る前にベッドの中で持ってる服を思い出して、
頭の中でコーデを組みます。
で、次の日実際に着てみて調整したりする感じです。
1個お気に入りのアイテムというか、そういうのがあると、
その日のコーデが特別に感じます。
同じトレーナー、ジーンズ、バッグとかのシンプルコーデでも
「このバッグのためのトレーナーとジーンズ」ってなると
そのトレーナーとジーンズにも特別感を感じるんです笑
コーデはその予定が楽しみであればあるほど
早めに決めちゃいがちです笑

えなぴ

53

ena

お出かけの前日に2人でコーデを決めることも

メイクはその日の気分 vs 安定派

メイクは逆に状況に合わせるとかはあまりなくて、
結構気分だったりします。
日によって顔のコンディションが違うから、
今日はリップ薄めがかわいいかもとか、
まつ毛はなんとなく今日は上げないのが気分かも、
みたいな感じでその日鏡に向かってる自分を見て、
対話しながら決めていく感覚です笑
動画では「毎日メイク」といって
自分がいつもしてるメイクを発信してたりするけど
実際は毎日違うコスメ使うし、
仕上がりも日によって全然違うんです。
「その日なりたい女の子像」に向かって
メイクしているんだと思います。
あとは撮影と日常でメイクが違うのは結構あるあるです。
やっぱりカメラ越しだとどうしても薄く映りがちだから、
濃いめにわかりやすくメイクをします。
でも普段はそのメイクだと周りから直接見られる時に、
濃すぎて不自然だったりするんです。
だからいつもの撮影のメイクのクセが出ないように
気をつけたりはしてます。
相手から見た時の自分を意識するのも
一つの気づかいだったりしますよね！

むく

muku

その日の気分で使うアイテムも変わる

私はむくと違って結構メイクは安定派です。
アイシャドウで使う色も、のせる場所も、使うリップも、、
その日の気分で変えるとかはあんまりないです。
自分なりに今のメイクが
「最強に盛れる！　かわいい！」って思ってやってるので
少しでも変えちゃうと100点から離れていく感じがして、
あんまりできないです笑
それでも定期的に動画で紹介してる「毎日メイク」が
毎回全然違うメイクになってるのは
定期的にメイクを研究する日があるからなんです。
韓国アイドルさんやインフルエンサーさんのメイクを見て
「このメイクかわいい」って思ったのは大体、友達と遊ぶ時に
似合うかどうかは置いといて一回やってみたくなるんです。
2023年に流行ってたのだと「純欲メイク」とか、少し前だと
aespaのウィンターちゃんのメイクを意識してたり...。
メイクは好きな方なのでいろんなのを試すのは楽しくて、
その中でいいなと思ったのを毎日メイクにしていく感じです。
普段のメイクが変わらないからこそ
新しいメイクを試す時がすごく楽しくて
「女の子してるなぁ」って気持ちになります！

ena

お気に入りのコスメセット

正反対の相方について語る

えなぴーは好きなものが本当にわかりやすくて楽しいです、
「なんでも好き vs こだわり強い」のところにも、
唐揚げとかチョコとかわかりやすく美味しいものが好きって
書いたんですけど、他のものでもそうで、
例えば好きな音楽は、落ちサビがわかりやすく入って、その後
パーンッとラスサビが入ってくるドラマとか青春っぽい曲です。
あとは映画は難しいシリアスなものより、
少女漫画を実写化したような
わかりやすくキュンキュンするものが好きだったり、
アイドルグループとかは大体センターが好きだったり、、
面白いくらいわかりやすいです。
人間って人と違う方がかっこいいみたいなのがあると思うし、
たまに難しいものを好きって言いたくなる時とか
はずれた方に行きたくなる時もあると思うんですけど、
ぜひその素直な感覚を忘れないでほしいと
相方は願っております。
きっと「王道が好き!」みたいな感覚が
えなぴーの個性になっているのではないかなって!

むく

muku

えなびが好きな"王道派"チョコたち(えなび撮影)

むくの好みは「女の子だなぁ」って感じです。
シルバニアファミリーが好きだし、ぬいぐるみを欲しがるし、
動物にメロメロだし、、
私はそういうのを子ども時代から通ってこなかったので、
むくと仲良くなって初めてよさを知るものも多いです。
そういうのに目をキラキラさせてるむくを見てると、来世は
女の子っぽいものが好きな人生もいいなぁって思います。
「これ買ってどうするの?」って思っちゃうようなものでも
「かわいかったら買う!」のスタンスなのが、
好きなものに対して真っ直ぐな感じで、それって大人になると
現実主義になっちゃって難しいことだと思うので、
子ども心が残ってるみたいで素敵だなって思います。
好きなものを突き詰めるからこそ、
むくの世界観に惹かれる人はたくさんいると思うので、
どんどん追求していってほしいです。
私もその1人なので、楽しみにしています!

ena

季節に合わせたかわいい雑貨を取り入れるむく

第 2 章

ちょっと
マジメな話

女子
の
あれこれ

永遠のテーマ「ダイエット」

(む) これまで動画でもたくさん話していますが、、
私たちの永遠のテーマ、、「ダイエット」
これについては一生語れるけど、
成功してない身なので、みんなにとって
参考になる話は1ミリもできません！笑

(え) 本当にずっとテーマに掲げてるから
どんどんダイエットってものが
わからなくなっているまである笑
逆になんでまだうちら痩せれてないんだろう？
みたいな、自分でも不思議()

(む) そうなんだよね、志は誰よりも高いんだけど
なんでか痩せれてないの()
苦手なことはたくさんあるけど
トップにダイエットは入ってくるな笑
あと、女性なんて特に何歳になっても
この問題って一生つきまとってくるからね、、
先が思いやられるよ。
でも、いつかちゃんと成功させて
こんな私たちが痩せられたって
みんなに報告したいよね。
その時まで待っててくれるといいな、、()

（え）そうだね、こんなに痩せたいって言って
全然痩せれなかったうちらが痩せれたら
同じように悩んでる子たちの希望になれると思う。
だし、本当にうちらは
最強になっちゃうかもしれない、、()
もう誰も勝てない最強プリキュアに
いよいよなります（至って真剣）（23歳）。

（む）はい本気と書いてマジですよろしく卍

mukuena

数々のダイエットに挑戦してきたむくえな①

数々のダイエットに挑戦してきたむくえな②

ふたりのダイエット遍歴

(え) うちらが2人でやってたのは
食事報告ダイエットですね、笑
自然消滅していったアレですね、、笑
(全然笑いごとじゃないけど)

でもあれ何気に4ヶ月くらい続いてたんですよ!
個人的にはあんまり
見た目に表れてなかった気がしたけど
一応4キロくらい減りましたし!

(む) あれは続いたけど、
だんだん食事報告することに慣れて
「相方が食べてるならいいか!」って
悪い方向に行っちゃったんだよね笑
あと私たちのダイエット失敗の敗因は
いつも極端だからなんです、、
急遽「痩せなきゃ!」みたいな
仕事が入って来るとそれまでは頑張れても
終わってから「よっしゃーー!」って
それ以上に食べちゃうんです、、
あれどうにかしたい。

(え)

うちらは仕事柄日にちの目標設定ができるのが、
モチベが上がっていい部分ではあるけど
完全に裏目に出ちゃってるんだよね、、()
デメリットがデカすぎるから
あのシステムなくしたほうがいいの絶対。
個人的に8時間ダイエット
やってみたことあったんだけど、
そこまで苦じゃなかったし、結構効果もあった!
実家暮らしで今よりもルーティン化しやすい
生活だったからできたけど
今はもう難しいかも。

(む)

わかる、8時間ダイエットは私も一番効果感じた!
あとりんごとパイナップルをよく食べてた時期は、
便秘が解消されて、すごいよかったな～。
あとはそれを続ければいいだけですよね!!!汗

(え)

一緒にやったダイエットといえば、
他には企画でファスティングとIUダイエットを
3日間ずつやったことあるよね。
どっちも短期間で、
極端に食事を制限するって感じだったけど、
やっぱりその後普通の生活に戻ったら
体重も戻ってたよね、、笑

（む）

短期間は本当によくないね！
あとは、いつもモチベ頼りなのも
よくないなって思う。
ダイエットって継続させて
習慣化させることが大事だけど、
モチベ頼りだと気持ちが落ちた時に、
すぐ失敗しちゃうんだよね。

（え）

そうだね、そのモチベの浮き沈みで
何度リバウンドしてきたか、、
習慣化も大事だし、痩せやすい体にしていくのも
長い目で見たら大事だよね、
代謝を上げるとかね、
……やっぱり運動なんだよね(n回目)

（む）

そう、、運動しか勝たん、、
私たちの仕事柄動かなすぎて
本当に一番の原因が運動不足。
ここを解消しない限りは成功しないね、、！
まずは運動をする時間を作る努力から、、！
(これが一番の難所)(頑張ろう、、)

mukuena

送ったら食べれる

相手が食べてるからいいやってなってくるの

レコーディングダイエット失敗の

理由がこの動画で明らかに……

「相方が誕生日迎えておめでたい

けど衝撃の事実発覚(?)」

理想の恋人妄想

む 私は優しく話を聞いてくれる人に弱いです笑
なんか好きな人とかには、
オチとかもないしょうもない話とか
したくなっちゃうんです！
だからそういう時に私の話してることに、
笑いながらツッコミを入れつつ
そうなんだね〜とかそれでどうなったの〜?とか
優しく相槌打ってくれたら最高ですね！
結構これができる人って少なくて貴重なんですよ、、
もっと全国に広まりますように、、！笑

え 私はベタに女の子扱いに弱いです笑
ベタにキュンとしますよね笑
私って全然1人で生きていけそうに見えるし
か弱い女の子って感じでもないので
そこで女の子扱いされると、
人一倍キュンとしちゃうんですよね。
重いもの持ってくれるとか
そういうのでいいんです！
そういうのがいいんです！
それだけで好きになるのかっていうと
違うんですけど、
そういうキュン行動は
付き合ってからも結婚してからも一生してもらいたいです
ね!!

muku

天パっぽい

優しそうに笑う

ダボニット

→優しい目

→口が大きい

ena

・目にかかるくらいの前髪
・えりあし
・ゆるめの服装
・色白
・高身長
　　　etc...

むくえながそれぞれ思い描く理想の彼氏

文化系 vs 体育会系

私は小さい頃から塗り絵とか絵を描くことが好きで、
かわいいものが大好きでした！　私の好きなものは
昔からずっと根本が変わってないような気がします。
保育園の時は塗り絵が大好きで
小鳥の塗り絵が綺麗だと先生にすごく褒められて
うれしかったのを今でも覚えています。
人から褒められて、絵って楽しいな〜と思っている時に、
家族で景色が綺麗な場所に出かけて見かけた
ベレー帽を被って椅子とキャンバスとパレットを持って
風景を描いていた絵描きさんのかっこよさに衝撃を受けて
そこからはずっと夢が絵描きさんでした！
かわいいもの好きの始まりは完全にスイマー（雑貨屋さん）
でした！スイマーは私の青春です。
小学生の頃は持っているものほとんどがスイマーで
イオンモールに買い物に行った時は、
一目散にスイマーに行って端から端までじっくり見てました。
中学生になって、かわいいものを作れたら
楽しいだろうなって思うようになり、
スイマーのデザイナーになりたかった時もありました。
そういうかわいいものが好きという気持ちから、
高校卒業後はデザイン専門学校に通ってたので、
小さい頃からの「好き」って気持は大切な財産です。

muku

保育園の先生に褒められた小鳥の塗り絵

大好きだったスイマーのノート

子どもの頃好きだったものって聞かれたら、ダンスかな?
小1〜中2まで習い事でダンスをしていて、
受験のタイミングでやめました。
それと中学の部活でも3年間ダンス部に入ってました、
ちなみに部長でした笑
高校に入ってから2年間くらい、たまに知り合いに誘われて
イベントに出たりしてました。
まぁ大体こんな感じです。
これ意外とちゃんとは知らない人も多いですよね、
これを正式情報にしてください笑
もっと細かく話すと、小学生の頃には大会に出て
優勝したこともあるし、本当は小1よりも前に
友達と保育園でゴリエちゃんダンスを真似してたのが
ダンスの始まりだったりもします()
小学生の頃は、将来の夢を聞かれたら「振付師」って
答えてたくらい、本当にダンスが大好きでした。
多分小・中の同級生に「私といえば?」って聞いたら
ダンスってほとんどの人が答えると思います笑
小6の時、ダンスクラブがなくなっちゃって、
復活させるために他学年にまで声かけて署名活動して
本当に復活させたこともあります、懐かしい笑
その時も部長だったなぁ〜笑

一番ダンスに打ち込んでたのが小学校の高学年の時で、
その時の経験はこのインフルエンサー活動と並ぶくらい
人生の中で濃いと思います。
ほぼ毎日踊ってたし、土日とかは始発くらい早い電車に乗って
レッスンに行って夜まで踊ってました。
いくら自分がやりたくてやってるとはいえ、
友達と遊びたくなる時もあるし、
眠くてレッスンに行きたくない時もありました笑
ダンスって結構お金かかるし
レッスンの付き添いとか衣装作りとかもあるし
家族の生活が私のダンス中心って言っても
過言じゃないくらい、支えてもらいながらやっていました。
あんなに自分がしたいことに全力で挑める経験ができたのは
とってもありがたかったなって思います。
なかなか経験できないことをたくさんしたし、
いろんなことを学べました。
今でもあの日々を思い出すと泣きそうになるほど
キラキラした毎日でした。
本当に人生の宝物です。

あと、私は本当に小さい頃から歌が大好きだった気がします。
少ないお小遣いを貯めていつもCDを買いに行ってたし
お風呂で毎日熱唱しては、

「早く出てきなさい！」ってママに怒られてた笑
ダンスをやってたのもあってか音楽が身近だったのかも。
ギターに興味を持ったのも、
当時ギターを弾きながら歌う女性アーティストが多くて
憧れたのがきっかけだし、
なんなら歌詞とか書いてみたこともある（恥ずすぎ）。
で、今、本当に音楽作りもしてるから不思議ですよね、、
好きなアーティストとかジャンルとかはなくて、
でも私の音楽の始まりがダンスを始めた小学生の頃だから、
それが根本にあって
「THE平成！」って感じの曲は今でも好き、
最近のChillっぽいのももちろん好きだけど
やっぱり一番「好き！」って心が躍るのは
あの頃みたいな曲、笑
落ちサビっていうのかな？
そこがブワッてくるのとかが大好きです（伝われ！）
好きになったら、その曲を飽きるまで聴くクセがあるから
その曲と結びついてるいろんな時期の記憶があって、
曲を聴くたびに当時の感情に引き戻されるのも、
とっても好きです。
小学校の卒業間近の時期の気持ちに戻れる曲もありますよ、
冷静におもろいですよね。
12歳の時の気持ちなんて普通思い出せないですよ、笑

でも、それが鮮明に思い出せる曲があるんですよ。
久しぶりに聴いてみようかな、笑

他にも挙げるとしたらテレビ！
小さい頃は本当にテレビっ子でした。
ドラマもバラエティーもアニメも、結構オールジャンルでした。
ドラマは月曜から日曜まで
ほとんどのドラマを録画して見ていたし、
毎日番組表を見て、
何時から何を見るかスケジュール決めてました笑
年末年始とかは最強な番組がそろってるので
番組表見るだけでワクワクしました、
やばいあの感じめっちゃ懐かしい笑
人気者になりたい！と思ってたタイプの小学生だったので、
天才てれびくんに出てる子役の子とかにめっちゃ憧れてたし、
ヘキサゴンファミリーに入りたい！とか思ってました笑笑
なのでこの活動を始めて、テレビに呼んでいただけた時は
ほんっっっとうにうれしかったし、
テレビに映る自分を見てとっても感動しました。
子どもの時は夢にすることすらできなかった夢を叶えられてる、
この凄さ伝わりますかね!?笑
現実にびっくり＆感謝です。
ということで、これからもテレビのお仕事待ってますので、

もしこれを見てる関係者の方がいらっしゃいましたら
ぜひお仕事待ってます...！笑

ちなみに、私たちを知ってくれている方からすると
むくえなといえば「人間観察好き」だと思うんですけど、
いつからのクセなんだろうって考えてみたら、
多分保育園の頃からやってたと思います笑
いろんな先生の特徴みたいなのを見つけて、
よく家とかで真似してました笑
例えばお昼寝の時の"とんとん"とか
読み聞かせの絵本のめくり方とか
そんな細かいところを見て真似してました。
その頃は憧れみたいなものから
真似をしてたのかもしれないんですけど
気づいたらそれがクセになってたのかもしれないです。
学生時代はよく先生のモノマネを友達の前でしてたんですけど
それも声とかの真似じゃなくて、特徴モノマネをしてました笑
結構好評でした（）

ena

ダンスに打ち込んだ日々

muku

むく幼少期

ena

これかわいいね(byむく)

えな幼少期

家族
との
関係性

ふたりの家族構成

母、姉、私の3人家族です。
どんな家族か、、一言で言ったら最高の家族です！！
来世でもしまた家族が選べるとしたら
この家族を選んでしまうと思います。
皆さんがどんな家族か想像しやすくするために
1つエピソードを話すとするなら、
家族で誰が一番かわいいと思う??という議題では、
みんな自分が一番かわいい！！と
胸を張って言うような感じです。
普通とはまた違ったところが多いですが、
ヘンテコで面白くて楽しくて大好きな家族です。
色々あって父は途中で家族から卒業する形に
なってしまいましたが、、(人生色々あるよね)
そんな不完全なところも、今ではお気に入りの部分です。
(流石にちょっと強がったか)

まず最初にぶっちゃけると
私はどちらかというと家族の中ではドライめなんです。
なぜかというと、みんなが私のことを好きすぎるからです。
むぅちゃん大好き！って感じなんです。
何事もバランスって大事じゃないですか、、？
私はそのバランスを保つためにドライめに育ったんだと、

勝手ながらそう思っています、、笑
でも本当は一番、家族のことが大好きです。
2人が家族でいてくれることが自分の自信になっています。
2人とも自分にはない、いいところがたくさんあるので
ぜひ紹介させてください。

まず私の母なんですが、母は正直、
普通の人が理想とするような完璧な母じゃないです。
小学校初めての遠足では、お弁当にお箸を入れ忘れられて、
泣きそうになりながら手で食べたこともありました。
学校からもらった手紙はなくすし、おまけに開き直ります。
食卓の残り1個のフルーツを誰が食べるかのじゃんけんとかも
普通に参加してきて「お母さんってそんな感じ?」と
なったりもします。
そんな母と、夢の話を一緒にしたことがあります。
「ママはね、お母さんになることが夢だったんだよ」
と言っていました。
夢をちゃんと叶えていてすごい、と尊敬すると同時に、
なんだかうれしい気持ちになったのを覚えています。
母は完璧ではないけど、人一倍私たちを愛してくれていました。
姉と私が「ディズニー行きたい!」って言ったら
その日に「行こう!」って連れて行ってくれるんです。
大阪行くってなったら、私たちを乗せて車で片道10時間かけて

1人で運転するんです。
たまごっちが流行って私たちが「欲しい！」って言った時は
朝早くからトイザらスに並んでゲットしてくれたりもしました。
できるだけ私たちの望みを叶えようとしてくれる、そんな母です。
私はこんなお母さんを他で見たことがないです。
そんな強くて愛がある母をすごく尊敬しているし、
そして大好きです。
悪いところもいいところも全部含めて
私にとって最高で完璧なお母さんです！
今までたくさん苦労してきた分、
これからの人生は自分のために
思う存分好きなことをして生きてほしいです。

マチュピチュは絶対連れて行くからね！

そして私の唯一のきょうだいが、姉です。
私の姉はとってもかわいいです。
そしてちょっと生きるのが下手で、
誰より私のことが大好きです。
普通きょうだいとかって、
「妹さん、かわいいね！」とか言われたら、
「いやそんなことないよ、生意気で大変だよ〜」とか
言うじゃないですか、姉は違くて、

むく

「そうなんだよ、めっちゃかわいいんだよ!」って
昔から友達に言ってくれていました。
私なんてケンカした時、すぐ揚げ足取る
生意気なTHE末っ子をやっていたのに、
それでも大好きでいてくれたのはなぜか今でもわかんないし、
すごい姉力だと思います。姉妹ってこともあって
昔は比べられることも多くて、お互い羨ましいところがあって、
ライバルのように意識し合っていた時もあったんですけど、
今では仕事のことも恋愛のことも
なんでも話せるよき理解者で、
姉の存在には本当に助けられています。

姉はすごく優しいんですよ!
本当に世界一私に優しくしてくれる人間です。
「この世で一番、死んだら悲しい人って誰?」って話を
友達としたことがあります。
もちろん、友達も家族もみんな悲しいのは前提として
真っ先に浮かんだのは姉の顔でした。
絶対に長生きしてくれないと困ります、、!
そのくらい大好きな姉です。

こんな感じで私の家族はちょっと変わっていて
そしてすごく愛おしい最高な家族です。

muku

最高の家族!

片道10時間、車の旅(むく画)

母、父、弟、私の4人家族です。
どんな家族か...今ここにどう書こうかと考えて
みんなの顔を思い浮かべただけで涙が出てきてしまって
こんなこと初めてなので自分でもびっくりしてるんですけど、
(このあと号泣しながらこの項目書いてて、もっとびっくり)
でも本当にそれくらい大好きで、愛してる家族です。
今、人生で初めて誰かに愛してるって言葉使いましたね、、
絶対本人たちには恥ずかしくて伝えられないですけど笑

ここでは「父、母」とかでなく、あえていつも通りの呼び方で
「パパ、ママ」って書いちゃうんですけど、
私のママはとにかく心配性です笑
もうこれは、むくに聞いても同じこと言うと思います笑
携帯をカバンにしまわずポッケに入れてるだけで
落とすんじゃないか、誰かに取られるんじゃないか
と、とっても心配してきます。
小さい頃からのことで慣れたとは言っても
いまだに少しうざったく感じてしまう時もあるんですが、
最近は自分がむくや友達に対してママみたいに
心配性を発揮している時があって、ハッとします笑
やっぱり私はママの子だなと、、笑

あと、ママとはとにかく小さなケンカばっかりしてます笑

えなぴ

91

おばあちゃんからは「あんたらは親子じゃなくて
歳の遠い姉妹だね」と言われるくらい笑
ママは、とってもきっちりした人で、他人にも厳しいけど、
自分にも人一倍厳しくて、それに加えて心配性なので、
多分生きづらいタイプだと思います。
私に似て(私がママに似て?)家族に頼るのが苦手な人なので
いつも1人で抱えてないか心配です。
私ももう23歳だし、私の心配はほどほどに、
これからは逆にもう少し頼ってきてほしいです。

パパは、昔から物知りでどっしり構えてるし、
機械系も虫も強くて、何かと頼もしいパパでした。
小さい頃は仕事で忙しくしていて、朝は早いし夜は遅いし、
運動会や習い事の発表会もパパが来れるのを願うくらい
本当に忙しかった記憶です。
だから早く帰って来れて一緒に夜ご飯を食べれる日は
すっごくうれしかったし、たまに日曜日に家にいる時は
仕事で疲れて寝てるであろうパパを、弟と無理やり起こして
公園とかお出かけに連れて行ってもらってました。
意見が割れたら私が納得するまで
何時間も話し合ってくれたり、頭ごなしに否定したりせず、
子どもの意見をちゃんと聞いてくれたりして
今思うといいパパだったなと思います。

あと一番覚えてるのは、パパが言い出した「ご飯のお供大会」
これは動画の企画にもしたことがあるくらい印象に残ってて
ただ白米とご飯のお供をたくさん用意するだけなんですけど笑
そういうちょっと「子どもの頃の夢」みたいなのを
家族でやったのが本当に楽しかったです。
あと、パパはきっと私のこと大好きです笑
あんまりそういうの出してくるパパじゃないけど、
娘にはわかります...笑
パパにはいつか車をプレゼントするって決めてるから
待っててね!笑

弟は、本当にクールな奴って感じです笑
こんな騒がしい私の弟だって信じられないくらい落ち着いてて
しっかりした子です笑
料理もできるし、優しいし、おしゃれだし、、
姉ながら?　あいつはまじでいい男です!笑
ママに何か頼まれてもすぐ聞くし、雨とか降ってきたら
何も言わなくても洗濯物を取り込んでくれます。
ママいわく「えなに頼んでも全然やらないから
○○(弟の名前)にしか頼まなくなった」らしいです。
こんな怠け者の姉を持ったばかりに
家の手伝いを全部させられてた弟、、ごめんね、、、笑

えなび

けど、おかげで家事も料理も嫌がらずにやる
いい男に育ったので結果オーライかも（）
でも、こんなやつを姉に持ってしまったからか
弟は自分の意見とかを主張するのを
諦めがちなところあるかもなぁとも思ってて…
きっと「これがいい！」「あれしたい！」ってすぐ言う
私の隣にいて譲りがちな子に育ったのかなと思うと、
もうちょっと自分のわがまま言っていいんだぞ！と、
姉としてはいつも少し気にかけてしまいます。
そんな少し控えめな弟とも昔は殴り合いのケンカとかしてて、
本当に仲悪かったんです笑（怖すぎ）
だから、2人で出かけたりとかはないものの、
今この落ち着いた関係でいれるのはうれしかったりもします。

3人以外にも、近くに住むいとこ家族とおばあちゃんにも、
自分で言うのもなんですが、大切に大切に育てられてきました。
この家族にしてこの娘ありって感じです笑

ena

クールな弟を囲んで大好きな家族と

近くに住むいとこ家族とおばあちゃん（えなぴ画）

むくえなにとって「家族」って?

私にとって家族は、いわゆる"家族"でもあり、何かあったら
絶対助けてくれる女友達のような存在でもあります。
「心のお悩み相談室」という項で詳しくお話ししますが、
私が初めて深刻に病んで電車の中で姉に相談した日の夜、
実は一人暮らしをしている私の家に、
仕事終わりの母と姉が駆けつけてくれたんです。
私が珍しく人に相談したから、
相当なことだって心配してくれたんだと思うんですけど、
何よりも何かあったら時間をつくってでも助けにいく、
絶対的味方の存在がいるんだよ!ということを
行動で教えてくれたのかなと思いました。
次の日も仕事で朝早いのに、遅い時間まで話を聞いてくれて
すごくうれしかったです。そしてそんな存在がいることが
何より心強くて、すごく助けられました。
私の中で家族を超えて女友達のような存在でもあるのは、
みんながそれぞれ仕事とか恋愛とかで悩みを抱えていて、
違う場所に住んでいても、何かあったら助け合う
そんな関係だからだと思います。
そのあとはなんやかんやで、
「コンビニは添加物まみれだからちゃんと自炊して!」とか
「空気の入れ替えしないと運気下がるよ!」とか
めちゃくちゃ"母"をやって帰って行きました笑
本当に楽しい家族です。

muku

むくママの痕跡①

ぬいぐるみの足がゴム置き場

むくママの痕跡②

川で拾った石をかっさ代わりに

私にとって家族は「ベッド」みたいな感じかもしれないです。

これは最近気づいたことなんですけど、
私は一人暮らしを始めてから実家に全然帰ってなくて、
家族とそこまで連絡も取ってなかったんです。
でも最近、たまたま実家に帰る用があって、
久しぶりにママやパパと最近の自分の仕事の話や
ちょっとした弱音とか話したりして、ママのご飯を食べて
実家の布団で寝たんです。
(その日、弟は友達の家にいて会えなかった、、笑)
すっごくあったかい気分になって
やっぱり家族って最強だなと思って
一人暮らしの家に帰ってきたんですけど、
そしたらなんと少し弱い自分になっちゃってたんですね〜、笑

あんなにあったかくて素敵な場所から、
なんで私は出てきちゃったんだろ、、って笑
すごく戻りたくて仕方なくなっちゃったんですよ。
パワーチャージしたから頑張ろう！　じゃなくて、
ずっとあそこでみんなといたいって
まるで朝のベッドから出たくない気持ちみたいな
常に気を張っちゃうというか、頑張りすぎちゃう性格だから
何も考えずに身を委ねられる存在みたいなのが、

居心地よすぎたんですよね。

毎日一緒にいられる存在じゃなくなったからこそ、
そこに気づいたのかもしれないです。
一人暮らしも慣れてきて、
なんでも1人でできる気になってたけど
「やっぱり人は1人じゃ生きていけないんだな」って
会うたびに思わされます。

本当にありきたりな言葉だけど、なくてはならない存在ですね。

ena

これは自宅のですが...ベッドって最高!

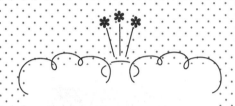

むくえな的
お仕事論

自分を信じて続けることの大切さ

私たちは高校生の時に遊び半分で始めた動画投稿が、
ありがたいことに、そして自分たちの努力もあり、
周りの支えもあり、で、そのまま今のお仕事になっています。
動画投稿を始めた高校1年生の私たちからしたら、
まさか、、！　今もこうして、、？
たくさんの人に応援されながら、、？
まだ動画投稿を続けていて、、？
そしてそれが仕事になっているなんて、、！！
ってびっくりな状況だと思います。
それくらい、こうなるとは思ってもいませんでした笑
あの頃の、ノリで始めた私たちに教えてあげたいですね。

だから、この仕事に決めた決意の話よりかは、
どちらかというと遊び半分で始めたことをここまで続ける
継続力についての方が語れることが多いと思います。

仕事って何かって聞かれたら、
"誰にでもできるようなことを、
自分を信じてひたすらに続けること"
なのかもしれないです。

私たちも、もちろん最初からお金をもらえてたわけじゃないです。
一人暮らしができるくらい自立するまでは4年かかりました、、
途中、問題が起きて収入が0の時もあったりして、
動画の企画も撮れないくらいギリギリな時もありました、
周りからどうするの?って。
いつまでも続けられるわけじゃないよね?って、
直接じゃなくても、遠回しに言われることもありました。
でも、続けたんです、、、笑（笑うとこじゃない）

なんで続けられたかは色々あるんですけど、一番は、
根底に「自分たちって絶対いける」っていう
謎の自信があったからなんです。
これは、自分たちの実力をしっかり客観視した上で
思っていたとかではないです、
本当に謎の自信です、、笑　根拠なんてないです笑
でも、この謎の自信がなかったら途中でやめてたかなと思うと、
やっぱり馬鹿にできない大事なマインドの一つだと思います。
そして自分たちが自分たちを一番愛してました、
多分、視聴者よりも友達よりもマネージャーよりも誰よりも
自分たちが一番自分たちの動画のファンでした笑
だから、続けてこれました。

「努力する者は楽しむ者に勝てず」ってことわざがありますが、
それにもしかしたら近いのかもしれないです。
だからといって楽しいだけじゃもちろんないです！！笑
このことわざみたいにかっこいいものではなく、
どちらかというと自分たちなりに
"楽しく続けていく努力"をしていたのかなと思います。
仕事は楽しくないとダメなんて思ったことはないですが、
少なくとも私たちは楽しくないと形にならない仕事をしてるので
これからもこの考えは大事にしていきたいなと思います。

muku

むくえな、盛れた自撮り

私たちの仕事はインフルエンサーで、
メインでYouTubeをしてるわけなんですけど
よく「なんでYouTuberになろうと思ったの?」って
聞かれるんです。
そりゃ気になりますよね、
なんせ7年もやってますし、当時高校生ですし、
今でこそ少しずつ認知されてきた仕事だけど、なんで?って
答えは「なんとなく」です。
っていうか正確には、
「YouTuberになりたい!」と思ったことはないんです。
ただ興味のあるものを
やってみたってだけのことなんですよね。
なんせ高校生ですし、黒歴史とか、周りの目とか、
それこそ歳とか、何にも気にせず、
事務所のマネージャーさんの「向いてそう」って一言で
すぐその気になって始めただけなんです。
だけどやっぱり、やってたら再生回数伸ばしたい!とか
登録者数増やしたい!とか思ってくるものなんですよね。
今思えば、そう思える時点で好きなことだったし
それだけ真剣に本気でやってたんだと思います。
部活とかもそうじゃないですか?
好きだし頑張ってるから上を目指したくなるじゃないですか。
あの頃はまだちょっと部活感覚に近かったかもしれないです。

そして、ちょうど進路を考えるくらいの頃から
広告だったり、イベントだったり、
自分たちにお仕事が来るようになって、それがすごく楽しくて
「もっとやりたい」って思ったあたりから
「将来も続けたい」って考えるようになって、
自然と仕事になっていったって感じですね。
途中で「やめ時かも」と思うほどいろんなことがあって、
もちろん、全然簡単な道じゃなかったですよ。
私は高校卒業して進学しない道を選んだから、
本当にこの活動しかなくて。
自分で選んだ道なのに、
新生活に奮闘する友達と自分を比べては
自分が全然成長してない気持ちになって、焦ったりもしました。
「むくえなの可能性」には自信が持ててポジティブだった私も
その時期はすごくメンタルがやられて、本当に一回だけ、
自分はこの活動が向いてないかもって自信がなくなって、
やめた方がいいかなって一瞬考えた時がありました、
むくにも言ったことなかったけど。
「裏方の仕事とかしようかな〜」みたいな。
でも、リアルにその未来を想像した時に
すっごい悔しい気持ちになったんです。
まだまだやりたいことがたくさんあるし、
なりたい自分にもなれてなくて、、

そんな気持ちに気づいて、
ここでやめたら絶対だめだって思いました。
多分、心の奥底ではやめたくないって思ってたんです。
大きな夢に向かっていると、
諦めようか悩むこともあると思います。そういう時は、
諦めて別の道に進んだ自分を想像してみてください。
それで悔しいと感じたら、
私は絶対諦めるべきじゃないと思います。
諦めずに頑張り続けられる環境が
当たり前じゃないこともわかってます。
それでも私は絶対後悔しないでほしいなって思います。
後悔しない道を選んだら、あとは自分で"なんとかする"だけ。
"なんとかなる"じゃなくて"なんとかする"。
無責任な言葉に見えて、一番大事なマインドだなと思ってます。

今でも、(動画を見てくれる人が減っていって
この活動を続けられなくなったらどうしよう)って
不安になることはよくあります。
やっぱり応援してくれる人がいないと
成り立たない職業なので、
私の夢を現実にしてくれてるファンの方達には
本当に感謝の気持ちでいっぱいです。
本当にみんな、いつもありがとう。

えなぴ

ena

むくえな高校生時代

仕事と真剣に向き合えば成長できる

私は今でも自分がこの仕事をなぜ続けられているのか
不思議に思うくらい、表に出るようなことが苦手です実は、、
だから正直、おーーー面白いくらいに全然向いてないよ!私!
大丈夫??ってなる時もあります。
1人だったら絶対やっていないし、
えなぴーとじゃなきゃできていないです。
やっぱり周りのYouTuberさんを見ると
自己アピールが得意だったり、
人前で積極的に発言できたり、相方のえなぴーも含め、
本当にすごいなって思います。
でも、苦手なことを頑張ってる自分も好きなんです。
苦手だったことも少しずつでも克服していけたら素敵だし、
現にYouTubeをやっていなかった世界線の自分と
今の自分を比べられる機会があったら、
きっと「今の私でよかった!」と思えると思います。
もちろん、苦手なことが多いから悩むこともたくさんあるし、
みんなが普通にできることも
人よりちょっと頑張らないと並べないですけど、、!
逆に言ったら「自分の得意なことなら、いつでもできる」
って考えなので、苦手なことに挑戦させてもらえてる今って
すごく貴重な時間なんだと思います。

むく

muku

中学生時代のむくえな

この活動をするようになってから、
見えてるものが全てじゃないって思うようになりました。
逆に言えば、「ちゃんと言葉にしないと全然伝わらない」
とも思いますね。
もちろん今までもわかってたけど、より実感したというか、、
ずっと視聴者側だった自分が今、演者側にいて
見てる側の時は「なんでこうなんだろう?」
「なんでこうしちゃうの?」って思ってしまってたこととかも
自分が発信する側に回ると色々理由があって
そうなってたことを知ったりして
「見えるものが全てじゃないってこういうことか」
と感じることが多かったです。
それは別に裏側を知ってしまったとかそういうことではなくて
シンプルにその人の考えてることとか状況とかわからないのに
勝手に決めつけて思い込んでしまってることって
YouTubeに限らずいっぱいあるよなぁってことです。
カメラをにらんでるように見えてても、
それは小さなカメラのモニターを見て
画角がずれてないか確認してただけかもしれないんです。
「自分で画角を確認しないといけないこと」も
「意外とカメラのモニターは見えづらい」ことも、
YouTuberになってみないとわからないことだったりします。

もちろん知らないのはしょうがないことだし
自分もYouTubeをやってからわかったことは
たくさんあります。
だけど、自分が見えてない部分があるっていうことは
知っておかないといけないなって思いました。
テレビや雑誌のニュースも、道端で出会う人たちも全部、
見えてるものが全てじゃないんです。
全て見えてるように思える家族にだって、
絶対見えてない部分があります。
明るそうに見える人も、どこかで悩んでるのと一緒です。
自分が思ってるよりもう少し、相手の見えない部分を
想像してみるのを心がけたいなって思います。
あとシンプルに、いろんな分野に挑戦できる
YouTuberって職業が大好きです！　とっても楽しいです！
私たちの前にいろんな分野に挑戦してくださった
YouTuberの先輩たちに感謝です。

ena

えなぴお気に入りカメラ

mukuena

2人で作り上げていく

YouTube

むくえな的ベスト動画

む 「一番印象に残ってる動画は?」って
結構聞かれることが多いランキング上位だけど、
毎回違う動画を答えてる気がする笑
それくらい本数あるし、思い入れありすぎるよね。
なんかあります?

え 難しいよね、なんてったってこれを書いてる
今日に上がった動画が、記念すべき800本目の動画だった
らしいですからね()
だから2022年の動画に絞って考えてみたんだけど
私はやっぱり一番はなんといっても
スカイピースさんとのコラボ動画かな。
あれはもう一生忘れられない動画すぎて、
まだ素材も残してますし。
なんなら、じんたんさんからコラボの話来た時
うれしすぎて、この気持ちを残しておかねば!!
と思って日記まで書きましたからね、
色々と残そうとしすぎ()

む 流石に残しすぎ(いいけど)。
でも本当にそうだね～あの動画は2022年出した中で
確実に一番見たよ。
でも、それに並ぶんじゃないかってくらい

む 見た動画が実はあるんだよね〜〜〜。
伝説のディズニー前日に緊急で回したあの動画、、
普通に動画撮るつもりなんてなかったけど
ノリが面白すぎて回してみたんだよね。
そんで伸びるなんて思ってなかったけど
載せてみたんだよね、
そしたらなんと171万回再生※突破してます、、
何が伸びるかわからない面白さを
久しぶりに感じた気がする笑
何より内容が面白すぎて普通に大好きだな!

※2023年11月時点

え 出た、あの伝説の動画、、笑
あれ出してから1ヶ月くらいは会う人会う人に
あの動画見たよって言われたもん笑
驚異の171万回再生突破とは、もうバケモンです。
ビジュが最悪だからこそ伸びてくれて救われた()
これからもあのノリの動画は出したいよね笑
ちなみに企画の内容は、
いつも2人で意見を出し合いながら決めてます。
他のYouTuberさんには企画決める担当の
メンバーがいたり
それぞれ考えてきた企画を持ち寄ったりみたいな
パターンが多いと思うんですけど
うちらはなんていうか、、
本当に2人で決めてる感じだよね!(伝われ)

（む）そうそう！
本当に2人で決めてるって感じ！（2回目）
その時食べたいものがあれば企画にしたりとか、
久しぶりにこれやりたい！みたいな感じで
過去の企画をもう一度やったりとか、、
あと話す時のテーマでいうと
いつも日常であったことを話すみたいな、
本当に友達とする会話を普通にしてるよね！
最近見てるドラマの話だったり、恋バナだったり、
本当にしょうもない話もするし、、

（え）ドラマはファンの子からも人気の話題だよね笑
「あのドラマ見てますか？」
「動画で語ってください！」って結構来る笑
大体私が話切り出して、むくが広げていく
みたいな感じが多いよね。
いくら雑談とはいえ、少しは
動画が面白くなる話をするようにしてるので
私は普段から面白かったこととか思ったことを
覚えておくように意識してます笑

（む）なんとなく私たちが会話する時の役割って
決まってるよね！笑
動画外でもずっと同じような感じ。
そこも正反対で相性ピッタリなのかもね！

mukuena

スカイピースさんとのコラボ第1弾動画

ノリが面白すぎた伝説の緊急動画

ある深刻なお悩み……

(え) 実は爆食動画が人気ゆえの苦しみが
正直あるよね、、笑
食べても太らない体質の人ってガチでいるけど
うちらはちゃんと食べたら食べただけ太るし、
かといって動画でヘルシーなもの食べるのも
全然話が違うんですよね。
でも企画で美味しいものを食べれて、
それが視聴者さんにも人気なんて
めっちゃ幸せなことじゃん!
っていうのが一番大きいですけどね!笑

(む) そうなんだよね、笑
ダイエットって気持ちの切り替えが大事だと
思うんですけど
撮影で週に1、2回は爆食するから、
そこで気持ちが緩んじゃうんです、、
でもなんていうか全部言い訳で、、
痩せるのが難しい環境ではあるけど、
痩せれないわけでもなくて、、
全部うちらのせいだ、、!!って感じ。

（え）しかも一応動画だし、「これ食べたら太っちゃう」
って気持ちで食べたくないんだよね、
ちゃんと「美味しい！」って食べたいの
とっても葛藤です。
もはや爆食動画をしすぎて
適量とかわかんなくなっちゃったし、
動画の分を調整した上での食べるダイエットって
どうしたらいいかマジでわからないんですよね笑
誰か食事管理してほしいです笑

（む）本当にそう、、笑
「あんたは今日はこれを食べろ！」って
毎日誰かに指定されたいです、、

mukuena

人気の爆食動画の数々①

mukuena

人気の爆食動画の数々②

やってみたい企画&目標

え パッと思いついたのスカイダイビングなんだけど
ふざけ半分でそんなこと言ってしまったら
マネージャーさん達がガチで企画しかねなくて
ちょっと怖いからそれはなしにして、、笑
ホスト企画とかやってみたいって
ずっと言ってるよね！
ホストってどんな感じか気になるけど
動画くらいじゃないと一生行くことなさそう笑

む わかる、
人生経験としてちょっと行ってみたいよね。
それでハマっちゃったらハマっちゃったで
それもネタにできるし最強かも、、笑
あと今なんか、ふと思いついた企画なんだけど
牧場にえなぴーを放してみるっていうのどう？
やぎとかと触れ合ってるえなぴーとか
絶対私好きだもん笑
どうかしら？

え 皆さんあの、これむくの悪い癖で、
困ってる私を見て楽しむっていう、、笑
それやってほしいなら、むくは
1人でバンジー飛ぶくらいしてもらわないと
って感じですよね、こちらとしては。

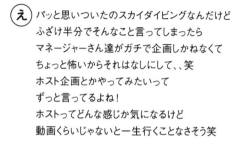

む いや厳しいな〜、普通に。
高いところから飛び降りる感覚を楽しもうって
バンジーやり始めた最初の人間を
私は疑いたいもん、、
やってみたい企画って案外難しいのかもね、

え ね、奥深いかも、(とは)

どちらかというと、「こうなりたい」っていう
ビジョンみたいなものの方がずっとあって、
といっても結構ふわふわしてるんだけど笑
「どこに行っても目にする人になりたい」って
ずっと思ってるよね。
わかりやすくいえば、雑誌を見ても、
街中のポスターを見ても、テレビを見ても
いる、みたいな。

む これまでもいろんなところで
「YouTuberになりたいわけではない」って
言ってきたけど、YouTubeだけじゃなく
いろんなことに挑戦したいよね！

え そう!!
とにかくやりたいことがいっぱいありすぎる笑
そして根底には「人気者になりたい」っていう
小さい時の憧れみたいなものがあるので、
むくえなが"いろんなとこで見る人"になったら
めちゃくちゃ幸せだなって思うの。
「人気者じゃん!」って笑
想像するだけでわくわくしてしまう。

む 最近はいろんなYouTuberさんの企画に
呼んでいただけるようになって、
むくえなをいろんなところで見てもらえるように
なったね。

え うん、それ"むくえなの輪"みたいなのが
少し広がったみたいでうれしいんです。
この輪がどんどん大きくなるように
目の前のことを頑張っていきたいね。

muku

催眠術に初挑戦!

推しに会えた気分に

ena

今までしたことない企画で

ある意味「挑戦」だった

心の

お悩み

相談室

女子を苦しめる「自己肯定感」問題

自己肯定感...一生つきまとうし、すごく大事なことですよね。
私は自己肯定感があるんだかないんだか
よくわからない性格です。
日によって自分最高！！って思う時と、
自分なんて、、って思う時があります。
めんどくさいです笑　でも、それで深く悩むことはなくて
人間そんなもんだと思ってます。
体調が悪い日といい日があるように
自分を肯定できない日だってあると思うし、
自己肯定感が低い自分も認めてあげるみたいな気持ちって、
自己肯定感を高くする第一歩だったりすると思います。
だから、まず自己肯定感が低いことについて深く考えず、
「人間そんなもん」って思うことからスタートです！！

あと、私はなんとなく自分のことがずっと好きなんですけど、
なんでだろうって考えた時に
周りの友達とか家族が最高だからって結果に
いつもなるんです。
ありがたいです本当に、、こんな素敵な仲間が周りにいるなら
それだけで自分って最高なんです！
尊敬できる仲間と素敵な信頼関係を築けていることが
自分の自信につながっています。

この仕事をしてると、コメントとかDMとかで
私のことを悪く言う人って一定数いるけど、
私がそういうのを気にしないでいられるのって
周りの最高な仲間に愛されているからだと思います。
だから一瞬、私の動画を見て何かを言ってくるような人に
何を言われても大丈夫なんです。
自分に自信を持つのも大事だけど、
自分と関わってくれている人に自信があることって
もっともっと大事な気がします。

あと、「承認欲求」も自己肯定感の問題と
隣り合わせにあると思ってて、自分が今、幸せかどうか
どこかで自信がないからこそ、
SNSを使って自分を少し偽って
いいように見せたり、マウントを取るような投稿をして
「いいね」がたくさん来ることで安心するんだと思います。
"周りからの反応=自分の幸せ度"みたいに
なっているのかなって。
本来SNSは自分の「好き」を好きなように載せる場所なのに
そこにめんどくさい感情がくっついて来ちゃっているのが
現状だなって思います。

私が中学生の頃からだんだんSNSが普及したんですけど、

その時にXの「いいね」数が多いほど人気な子みたいな
風潮があったんです。
私もどこかでそれを気にしていたし、
その時は承認欲求って言葉を知らなかったけど
きっと、その時感じていた気持ちがそれでした。
この活動を始めようと思った時、
いろんな気持ちや考えがあったんですけど、
どこかでその"しょうもない争い"から抜けたかったのかも。
元々有名になりたいとか思わないタイプだったんですけど、
なったら楽になるなって。
なんとなく察しためんどくさい未来から逃げる気持ちが
高校1年生の私にはありました。
(これ誰にも言ったことない) (意外と策略家で気まずい)
あの時、行動してくれた私がいるから
今、とっても楽な気持ちでSNSができています。
だから参考になるかはわかんないんですけど、
逆にSNS頑張ってみるっていうのも
解決方法なのでしょうか、、
いっそ仕事にしちゃうっていう、、違うのかな、、

muku

記念すべき、ミクチャ初投稿動画

SNSが普及して「自己肯定感」って言葉も浸透してきたよね。
むくえなの視聴者の子は、私達と同世代の女の子が多いから
きっと悩んでる子も多いんじゃないかなと思います。
実は、私もその1人です。
ずっと感じてきたモヤモヤが
自己肯定感の低さから来るものだってわかってから
気持ちが救われた部分がある半面、
モヤモヤの原因がわかってもなお、
それをどうにかすることはできなくて
逆にもっとモヤモヤが増えた気もします、厄介。

自己肯定感の低い人の特徴とか、自己肯定感の上げ方とか、
自己肯定感との付き合い方みたいなものを
SNSでもよく見ると思うんですけど、
私も結構いろんな投稿とか読んでて、、笑
いろんな考え方がある前提で、
自分なりに考えてみたこと話してみますね。
なんで自分は自己肯定感が下がってるのか考えた時に、
今までの人生で勉強だったり部活だったり恋愛だったり、
いろんなところで自分の評価をされることが
多かったからかなと思ったんですよね。
自分は勉強ができない、レギュラー取れない、
彼氏ができない、

そういう一つひとつに「自分は劣ってる人、求められてない人」
みたいに感じちゃうっていうか。
自分はそうだった気がします。
自己肯定感の悩みに対して「人と比べるからよくない」
「比べなければいい」って言いますよね。でも正直、
「そんなの無理じゃね?」って思っちゃいませんか?笑
人と比べるからよくないってめちゃくちゃその通りだし、
頭ではわかってるんだけど、
「そうは言っても無理なんですよ、、泣」ってなっちゃう笑
病んだ時、「人と比べなくていいよ!」って自分を励ましても
一歩踏み出したら、すぐまた比べて病んじゃう。
その繰り返しなんですよね。
なんならそんな弱い自分にもまた病むから大変、
(比べれずにいれたら楽なのになぁ)って自分でも思います。

でも私は比べちゃうのもしょうがないとも思うんですよね、
だって私達は、
比べないと成り立たない環境で生きてるじゃないですか。
受験だって順位をつけられて上から受かっていくし、
部活のレギュラーもそうだし、
恋愛だって言っちゃえばそうな気がします。
だから、他人と自分を比べちゃうのはしょうがないし、
逆に言ったらダメだとも思わないんです。

だけど「それが全て」と思ってしまうのはよくないと思います。

受験で落ちたから自分はダメな人間だ、
レギュラー取れなかったから自分は劣ってるんだ、
あの人に振られたから私は求められてない人間だ、、、
と、それだけで自分という人間全部を否定する必要は全くない
ってことです。
人と比べてしまうのも現実を見るのも避けては通れないけど
それだけで自分という人間を判断してしまうのは
なんだか悲しい気がしませんか?
人間は数字や順位やYES・NOだけで語れるほど
単純なものではないと思うんです。
いい意味で私たちってもっと複雑で、奥深いんです、きっと。
だから多分、「自己肯定感が高い」っていうと
「私ってかわいい」「私って最強」って思えることみたいに
考えがちだけど、どっちかっていうとそういう
自分を評価する感じじゃなくて、「自分を認める」みたいな
考え方の方が近いんじゃないかなって思います。
評価や数字はついて回るけど、自分を認めてあげるというか、
なんかうまく言えてるのかわからないんですけど、、
「自分が一番、自分の味方でいてあげる」くらいの感覚から
自分と向き合ってあげられたら、いいのかなって思います。
そうするうちに、評価や数字だけじゃない、唯一無二の自分を
認めてあげられるようになるんじゃないかなと思います。

ena

RUNUP！DANCE CONTEST vol.5 2012年10月14日

自分を認められるような経験も大切！

病んだ時の回復方法

私それこそ、
少し前まで人生で一番病んでいたんです笑笑（笑うな）
どちらかというと寝たら忘れるタイプだから、
前までの自分に病んだ時の回復方法を聞いても
寝たらいいよ！とかしか話せなかったと思います。
自分でも、こんなに心が落ち込んでいることはなかったから
初めての経験ですごく戸惑いました。
もしかしたら気分が変わるんじゃないかって期待して
友達と旅行に行っても、その場では楽しいけど、
ふとした時に考えてしまったり、家に帰って1人になった瞬間
すぐ気分が落ち込んでしまったりしている自分に気づいて、
参ったな〜と流石に思いました。
そんな状態が1、2ヶ月続きました。
正直な話、この原稿執筆をするまでに心がこの状態だったら
「とてもじゃないけど、この仕事にちゃんと向き合えない」
とまで思ってました。

でも安心してください、
今はただ道を歩いてるだけなのに楽しいんです。
朝起きて1日が始まるのがうれしいんです。
ここまで心が回復しました。
ちょっと前までの自分に、

むく

139

今の気持ちを教えてあげたいくらいです。

結論からいうと、
「これをすれば絶対に回復する」なんて方法はないと思います。
一番は、その病んでいる問題を
解決する努力をするのがいいのかもだけど、そんな簡単に
環境や状況は変えられないから病んでしまうんですよね。
その人なりに、それぞれ原因があると思います。
全てが解決するとは思わないけど、ぜひ聞いてください。

私は元々、人に相談するのが苦手です。
仕事のことも恋愛のことも事後報告になりがちでした。
今回病んだ時も、病んだことは友達に言えるけど、
詳細とか本音の部分までは言えなかったんです。
問題を解決するのは自分だから、人に話しても解決できないと
思っていたし、弱い自分を見せるのが怖かったんだと思います。
それをまずやめました。
心の奥底にある「つらい」とかの醜い感情を
素直に人に話してみたんです。

私には姉がいるので、姉に相談しました。
朝、人が多い時間帯の、電車の中。
気づいたら泣きながら気持ちを話してました。

きっと姉も、
こんな私を今まで見たことがなく驚いたと思います。
優しく私の話を聞いてくれました。
病んでる時って、もれなく自己肯定感なんて消えてるから、
その時、見た目にも気をつかっていなかったんです。
そんな私を見て、姉は、
「家帰ったら、まずこのささくれを切りな！」
と、言ってくれました。
他の人からしたら「そんなことで??」と思うかもしれません。
でも、その時の私からしたら、すごく大きな発見で、
そして病んだ状態から回復するきっかけになる言葉でした。
どういうことかというと、
「そんなことでいいのか...！」
と気づいたんです。
気持ちがフワッと軽くなる気分でした。

病んでる時って、目の前に立ちはだかる大きな壁に
唖然としちゃって、そんな大きい壁を乗り越えるには
それなりの大きい武器を用意して望まなければ、、！
と思ってしまうんです。でも違いました。
小さいことでよかったんです。
大きい壁でも、実は小さな穴が空いているかもしれません。
そこから通り抜けてしまえばいいんです。

私は、それに気づいて小さいことから始めることにしました。

最近は朝、カーテンを開けていないことに気づきました。
開けてみました。
外に出て空気を感じたり、空を見たりするのを忘れていました。
眺めるようにしました。
雑貨屋さんでかわいいコップを買って
そこに水をくんで飲んでみました。
優しい気持ちになれる曲を聴くようにしました。
かわいい入浴剤を入れて湯船に浸かりました。
そういうものの積み重ねだったんです。
私の中の「楽しい」「幸せ」「好きだな」と思う気持ちを
思い起こす作業が一つの解決策でした。
人によって、この幸せに思うこととか好きなものって
違うと思います。
私の幸せは、自然に触れたり、
かわいいと思うものを見つけたり、
それを発信したりすることで、同じ気持ちの人が集まって
いいね、かわいいね、と共感し合うことです。
そのことに気づけました。そうすると、自然と
大きな壁だと思っていたものが後ろにあったんです。
びっくりしました。

ちょっとずつで大丈夫なんです。
無理にその壁に立ち向かわなくていいんです。
そこからは、あの時のつらいことがたくさん重なった自分に
神様が「ごめんね〜」と言ってるんじゃないかってくらい
うれしいこと、楽しいこと、幸せなことが
自分にたくさん降り注ぐようになったんです。
どちらかといえば、今までもあったその幸せに
ちゃんと気づけるようになった、が正解だと思いますが、、

大きな壁を乗り越えるのに必要なのは、
案外それに見合った武器とかじゃなかったんですよ。

muku

大切なものに気づかせてくれた大好きな姉

私は本当に面白いくらい定期的に病むタイプです。
生理前は特にで、メンタル面にもろに来るタイプです。
ひどい時は、1人で夜、号泣することも全然あります。

基本ポジティブなタイプで、人といる時は思考もハッピーで、
なんでも楽しい！って感じの人間です。
だけどふとした時に、
自分に対してそのポジティブが効かなくて、
全然違う人みたいに急にネガティブになっちゃうんです。
自分でもいまだにそのギャップにはびっくりします。
自分、ポジティブなはずなのにって。

それと私は基本的に人になんでも話したくなっちゃう人です。
恋愛相談は関係値関係なく誰にでもしたくなっちゃうし、
仲良い人には本当に、人に話す必要ない
しょうもなさすぎる話まで話しちゃいます。
だけど、自分の弱い部分みたいなものになると
途端に人には話せなくなっちゃうんです。

私が病む原因なんですが、ずっと自分の中に、
トラウマみたいな、コンプレックスみたいな、
なんか"黒いもの"があって、
そいつのせいでいつも病むんです。

病んでない時は、その"黒いもの"を意識しないように
できてるだけで、実際はそれは常に自分の中にあって、
定期的に、いろんな要因でそこに目を向けざるを得なくなる。
そのタイミングで病みのターンになっちゃう感覚です。
それまで目を背けられてたのが、一気にのしかかってくる。

人に話すとすっきりしたり、
違う方向からの意見が出てきたりするから
相談とかするじゃないですか。
そうじゃない人もいるかもしれないけど、
少なくとも私はそうだから、本当は病んだ時も
人に助けを求めたいんです。
けど「誰に助けを求めようか」って
自分の大切な人たちを思い浮かべた時に、
この"黒いもの"を人に話すのが怖くなっちゃうんですよね。
信用してないとか隠し事とかじゃなくて、
大切な人だからこそ、なんか言えないんですよね。
シンプルに頼るのが苦手というか。心配かけたくないというか。
大切な人であればあるほど、言えない。

みんなの中にある"えな"っていう像を壊してはいけないって
思っちゃうのかもしれないです。
というか、自分が壊したくないのかも、、

あ、別にその "黒いもの" って
めっちゃやばいこととかじゃないですからね!笑笑

私、結局人って、
人を頼らずに生きていくのは無理だと思うんです。
でも、やっぱり自分の弱い部分を人に見せるって、
すごく難しいことなんじゃないかなって思うんです。
もしかしたら、頼るのは弱さのように見えて
実は強さなのかもしれないです。

ena

病んでるえなぴをなぐさめるむく（むく画）

むくえな流人生を楽しむコツ

私の場合は、できるだけ苦手な人とは距離をとること。
そして自分を認めてくれて、
お互いに尊敬し合えるような人たちと過ごすこと！
人間の悩みって大体が人間関係のことだって
どこかで見たことがあります。
人間の最大の敵は人間です。
他の生物が体感できないような楽しいとかうれしいっていう
気持ちを味わえる分、逆もまたしかりだと思います。
できるだけ「悲しいことからは逃げよ〜」という
心構えを大事にしてます。
あとは、小さなことで「幸せだな」と感じられると
日常が楽しくなるような気がします。
例えばなんですけど、スーパーへ行って買い物する時、
長ネギを一緒に買ってみてください、、、
それを持って家まで帰る道、袋から飛び出した長ネギを見て
私思うんです、、、
「あれ??　もしかして私今、主婦みたいじゃない???」
って、、、笑
笑っている、そこのあなた！！！笑
これ本当に大事な心持ちですよ、、！
想像をちょっと膨らませると
長ネギ買うだけで楽しくなれるんです、コスパ最強ですよね。

149

あとは私、観葉植物を育ててるんですけど、
自分で飲んでたペットボトルとかコップから水をあげるんです、、
そして思うんです、、
「うちら友達みたいじゃん???」
って、、
今までただの観葉植物だと思ってたのが、
なんかちょっと距離近くなった気がしてうれしくなるんです笑
一見アホらしいかもしれないけど、こうやって想像してみると
ただの日常がちょっとだけ楽しくなりますよ!

muku

「スーパーへ行って長ネギを買うのです!」(むく画)

muku

同じコップの水を飲んだ友

これ、実は私にとって難しいテーマかもしれない。

結構最後まで、この項目だけ残っちゃいました。

でも、楽しく生きれてないのかと聞かれると

全然そんなことなくて、めちゃくちゃ楽しく生きてるんです笑

めちゃめちゃ楽しくて、めちゃめちゃ幸せなんです。

よく「生まれ変わったら何になりたい？」とかいうけど

絶対もう一回自分の人生やりたいくらい

めちゃくちゃ最高な人生だと思ってるんです。

この本でもちょくちょくネガティブな私だったり、

これまでのキツかった話とか出てきてるんですけど、

そんな山あり谷ありな部分も含めて最高なんです。

そう思えるのなんでかなって、ずっと考えてみてたんですけど、

やっとわかりました。

それは「今までなんでも全力でやってきたから」でした！

習い事に対しても部活に対しても遊びに対しても、ずっと全力でした。

それはこのインフルエンサーとしての活動でもそうです。

習い事のことで悔しい思いをしたこともあるし、

部活で悩んだこともあるし、活動で苦しかったこともあります。

でも全部、後悔したことは一回もありません。

よく「後悔しないように生きろ」って言葉を聞くけど、

本当にそれって大事なことなんだと思います。

全力で取り組んでいれば後悔はしないし、

後悔がなければマイナスすらも最終的にプラスになるんです。

何事にも全力で！ 後悔しないように！ って言われると

すごい大きなことに感じて、

プレッシャーになってしまうかもしれないけど

私は別にそれを常に心がけてたわけじゃなくて、

ただ好きにというか、

自分の欲に忠実に行動してただけです。

どうしてもこれが欲しい！とかを

叶えてあげればいいんです。

それを叶えるためにはお金が必要ですよね、

そのためにバイトを全力で頑張ります。

バイトってキツいじゃないですか、だるいじゃないですか、

でも、そうして貯めたお金で欲しいものが買えたら

うれしいじゃないですか、

ほら、

マイナスすらもプラスなんです。

頑張っても欲が叶えられなかったっていう場合も大丈夫です。

その過程は嘘にはなりませんから。実らなかった恋とかね。

その切ない経験すらも

全力で相手と向き合えていたなら、プラスです。

そういう積み重ねが楽しく生きるコツなのかもしれないです。

何が起きても

とにかく楽しく生きていく！(えなび画)

mukuena

なんでか意味なかった()

たとえ、ダイエットが成功しなくても、

楽しくいることが大切

第 **3** 章

おかしな
友情

ふたり
の
出会い

活発さんとおっとりさん

えなぴーとの出会いは小学校で、
第一印象は元気っこで班長です笑
小1の時クラスが一緒だったんですけど、
えなぴーはわかりやすくいうとクラスの一軍でした笑
中休みとかになると校庭で男子とかと鬼ごっこしてて
中でおままごとするのが好きな私とは世界線が違うな〜って
思ってました。でも、そんな彼女と関わる機会ができました。
クラスで生活班が一緒になったんです。
（一緒に給食を食べたり、掃除したりする班です）
えなぴーは中学でも部活の部長や実行委員だったんですけど、
その時から生活班の班長でした笑笑
（そう考えると第一印象も今も、根底は変わってないですね）
私はその当時仲良かった子と席が隣でおしゃべりばかりしてた
から、しょっちゅう授業中に先生に怒られて席を離されてました。
そのたびに班長にも叱られてましたね、、笑
だから、最初はえなぴーのことを、
えなぴーではなく班長って呼んでたんです。
こんなに長く一緒にいるから、流石に関係値は変わったけど、
「班長」っていう面影は今でも残っていて
たまにあの頃の私たちを思い出して
ふふっと温かいような不思議な気持ちになります。

muku

むくが「班長」と呼んでいた

小学生時代のえなぴ

その話ね、、笑

うちらの関係を語る上では欠かせないエピソードだよね( )

当時はみんなに「班長」って言われてて、

終いにはクラスの男子のお母さんにもずっと

「班長!」って呼ばれてたもんなぁ、、笑

むくの第一印象はね、、、なんだったかな?笑

むくとは小学校から一緒で、とはいえ出会った頃から

今みたいな感じだったわけじゃなくて

なんというか、私的にはグラデーションのように徐々に徐々に

自分の記憶の中にむくが現れてくる感じなんだよね笑

でもなんとなくの印象は、

授業でもあんまり発言とかしないし

休み時間とかも全然はりきってないし(?)

学芸会でも当たり障りない役選ぶタイプ、みたいな感じ笑

絶対まじめで、正直私みたいないつもうるさい人のこと

嫌だろうなぁとまで思ってた( )

けど意外としゃべってみたらバラエティー番組とか

面白いもの大好きだし、ふざけたりもするタイプだったし、

こう見えて意外と仕切りたがりみたいなとこもあったり、笑

関わってみると、どんどん共通点が出てきて、

「なんだ〜! うちら意外と気合うじゃ〜ん!」って。

絶対交わらない2人みたいだったのに

よく仲良くなったね、うちら、改めておかしな2人組です^ ^

えなび

161

ena

学芸会でも一歩後ろに下がった印象のむく

バス停で一生語り合った中学時代

む 思い出の場所で最初に思い浮かぶのは「食」の項で出た
バス停。
語ったり、ダンスしたり、動画撮ったり、
いろんな思い出があるな〜。
あと、通学路の途中にあった神社とかも思い出の場所で
す。
クラス替えとか、部活のオーディション前とかの時期になる
と
そこの神社に寄ってお願いごとをしてました!
なかなか、かわいい中学生やってました。
今考えると、あの頃スピ※の道に進むって決まったのかも笑

※むくえなはスピリチュアル好きです

え 思い出の場所か〜、、、
たくさんあるけど、私的にはあのバス停かな笑
うちらの家の近くに
平日の朝しか使われないバス停があって、
車も通らなくて、よく放課後とかにそこで
集まってたんです。
前に話した駄菓子屋さんで
パンとか買って食べながら
一生語ってるっていうのが、
うちらのお決まりだったよね笑

mukuena

思い出のバス停（むく画）

思い出を刻む「おそろ買い」

(え) 撮影やお仕事で地方へ行った時に、
よくおそろいのお土産ストラップを買うんですけど、
それ結構お気に入りだったりする笑
「おそろいとか小学生までだよ?」
ってやつを買うんだよね笑
その懐かしい感じがいいんじゃん!って笑
私、人とおそろいにするの大好きだから、
そこのお土産ストラップ買っちゃう感性が同じなのは
何気にめっちゃうれしいんだよね笑
今も大阪で買ったストラップが家の鍵についてる!笑

(む) ご当地ストラップとか、お互い大好物だよね!
基本的に「買っちゃった♪」って思うものが好きです。
そもそも、えなぴーが「一緒にしようよ!」精神がすごくて、
すぐおそろいとかにしたがるクセがあるんです
けど(実はうれしい)、
最近でいうと「たまごっち」ですね!笑
「一緒に買おうよ!」って言われて
私も基本的に受け入れ態勢がいいから、まんまと買いました!
あの頃は親におねだりして買ってもらってたものを
この歳になって友達とノリで買っちゃうみたいなのが楽しくて、
全然やってないけど素敵な思い出のアイテムです。
(全然やってないんかい)

不思議
な
ふたり

「親友」をも超えた唯一無二の存在

えなぴーの存在は唯一無二です。
他の友達と変わらないところもあるけど、
それにプラスして他の要素もたくさんあるよ！って感じ。

よくYouTubeの視聴者の方からも、
「こんな存在がいるのが羨ましい！」
って言われるんですけど、私も自分が羨ましいなと思います。

一緒に楽しんだり、悩んだり、悔しい思いをしたり、
いろんな体験や感情を分かち合える
不思議で面白い関係です！

私は今の歳でそんな存在に出会えていますが、
一生をかけても、こんな素敵な関係になれる人を見つけるのは
難しいと思う。
私、前世で相当徳を積みましたね、きっと！

今は17年ほどの仲ですが、これから先も一緒にいたら
また新しい関係値が増えるのかなって思うと、
今からめちゃくちゃ楽しみです。

muku

親友を超えた存在のえなぴ（むく画）

むくには基本なんでも話せますね。
これまでほとんど同じ道をたどってきてるから、
基本どの話しても通じるんですよね。
だし、どの話でも、自分の気持ちを理解してもらえるんですよ。
同じ経験をしてきたからこそわかり合えることって
たくさんあるんですよね。いい意味で気をつかうこともない。
これって私にはとっても難しいことで、
考えすぎちゃう性格の私には、なかなかできないことです。
いつでも連絡できるしいつでも呼び出せます、これすごいこと。
でもそれはお互い様だからかもしれません。
これだけ長く一緒にいて、友達として仕事のパートナーとして
いろんなことを乗り越えてきて、だいぶ身を委ねてますから、
だからこそできることかもしれないです。
友達以上だし、仕事のパートナーでもあるし、
家族くらいの安心感だし、、
親友とかって言葉で表せるものでもないんです、
もっと複雑で濃いものなんですよ。
カテゴリーに分けることはできない存在ですね。
「むく」っていう一つのカテゴリーです。

ena

むうてん

どんな話も通じるむく(えなび画)

コミュ力おばけ vs クリエイティブ

えなぴーのすごいところは、たくさんあります!
まず基本なんでもできるタイプです。
運動も勉強も平均よりできちゃうし、コミュ力もあるので
友達もすぐ作れるし、人狼とかゲームとかも得意だったり、
難しい言葉を知ってたり、編集も上手だったり、、
17年ほどの仲ですが、今までえなぴーに対して
これ不得意なんだろうな〜って思ったことがほぼありません!
じゃんけんが弱いってことくらい! 本当に!
基本的になんでもこなしちゃう感じで、苦手が多い私からしたら
すごいな〜って学生の時から思っていました。

そんなえなぴーの、一番すごいなって思うところがあります。
人をまとめる能力です。小学生の頃の生活班の班長から始まり、
縦割り班の班長、クラブとか部活の部長、打ち上げの幹事、
細かいのを挙げればキリがないほど、リーダーが必要な時は
大体えなぴーがやってたし、みんなもえなぴーがリーダーなら
どうにかなるよね、って思うほど信頼もすごくあります。
学生の時って仲良しグループとかできると思うんですけど、
そういうのって大体、その学生生活の間だけのものだったり、
あっさりなくなったりしがちじゃないですか。
でも中学の時にダンス部の仲良し8人組で作った「脇下家」
っていうグループは、今でも全員で集まるほど仲がいいです。

これって大人になるとよくわかると思うんですけど、
すっごく難しいことだと思うんです。
ましてや8人っていう人数がそろうなんて奇跡です。
私はえなぴーのおかげだと思ってます。集めようと連絡して
くれるところもそうなんですけど、えなぴーっていう存在が
いるから、いまだにみんなも忙しい中予定を合わせてでも
集まりたいって思うグループになっているんだと思います。
女の子ならわかると思うんですけど、グループって女子特有の
空気感があって、特に卒業して離れ離れになると
それぞれ違う世界に進んでいくし、好きなものが変わったり
彼氏ができたり、いろんな変化があると思います。
でも、そういった違いもえなぴーがいることでまとまるんです。
あの頃に戻してくれるというか、みんなが話しやすいような
空気感をさらっと作ることができるんです。
そこを含め、今までの人生でここまでまとめる能力が高い人に
出会ったことがないです。そんなえなぴーを見るたびに
感心しちゃうし、自慢の相方だなって思います。

むくのすごいなって思うところは、
みんなも知ってる通り絵がうまいとか
デザインのセンスがすごいとか色々あるんですけど、
相方だからこそ知ってるすごいところがあって、それは
"インフルエンサーとしての勘"です。
むくからの誘いでミクチャに動画を載せたのが
この活動を始めたきっかけっていうのは
知ってる人も多いんじゃないかなって思うんですけど
その時むくはミクチャのいろんな動画を見て、
「うちらの方がバズる」って思ったらしいんです笑
私はミクチャ自体も見たことなくて
「ダンス楽しそう」みたいな感じで当時はやってただけで
"バズる"って言葉すら自分の辞書の中になかったんですけど。
そしたら本当に最初の動画からバズって、
すぐにインフルエンサーの仲間入り?
みたいな感じだったんですよ。
そういうのがそれ以外にもあるんです。
一応私も長年インフルエンサーをやってるので
うちらがこういうのやったらバズりそうとか
それなりにわかるようになってきたけど
それでもむくのSNSに対する勘はすごいなって、
相方でも思うことが多いです。
まだインスタが全然流行ってない頃、使ってる人も少ないし、

Xとほぼ変わらないような写真を上げて
Xと変わらないような使い方をしてたんですけど。
ある日2人で写真を撮ってた時、
「なんかもっとインスタっぽい写真撮りたいなぁ、、」って
ぼそっとむくが言ったんです。
今なら普通の発言だけど、当時はインスタが何かすらも
まだ確立されてなかったから、
うちは「?」ってなってたんですよ、
「インスタっぽいってどんなや?」って。
でもその半年後、「インスタは統一感」みたいなのが流行って。
ただプリだけ載せるんじゃなくて、物撮りも載せたり、
フィルターや加工をそろえたりみたいな。
その時、「むくが言ってたのはこれか!」ってなったんです。
本当にすごいなって思ったのを覚えてます。
だから私はむくが「これやったら面白いと思う」と言うものは
絶対当たるって信じてるんです。
インフルエンサーになるべくしてなった人なんだなぁって笑

聞き上手 vs 話し上手

話し上手で定評のあるえなさん、単純に話の構成が上手で
聞きやすいっていうのもあるんですけど、何よりすごい
聞いてほしそうに話すとこが一番の魅力なんです笑

聞いてもらわないと死ぬんかってくらいに「聞いてほしい!!」
のスタンスがあります。

だから聞くこっちも「なになに??」って気になるんです。
でも、聞いてみたらあらびっくり、めっちゃしょうもないの笑

その感じが私は大好きです、なんか会話の醍醐味って感じで。
会話って楽しければいいから、
しょうもない話題でも楽しく話したもん勝ちなんです。

だから楽しそうに話せるえなぴーは、
そこも含めて話し上手なんだと思います。

muku

本当になに？

しょうもないことでのけぞるほど笑うえなぴ

むくは聞き上手。
ただ聞くのがうまいだけじゃなくて、
多分、相手に話をさせるのがうまい気もします。

ただただ聞いて、うんうん、って相槌を打つだけじゃなくて、
そこから深掘りをして聞き出してくる感じがあるんです。

嫌な感じじゃなく、こっちがついつい楽しく話しちゃう感じ。
あとむくは誰よりも私の話で笑ってくれるので
そこ、ついつい私が話しちゃうポイントです笑
基本的にむくを笑わせたくてやってますから笑
むくって本当に聞いてない時は全然聞いてないんですよ(小声)。

大事な話の時は聞いてくれるけど
そうじゃない時は結構適当に流してる場合も全然あって
でもそれくらいがこっちもプレッシャーなくなんでも話せて、
意外といいバランスなんですよ。

塩梅ばっちりな聞き上手さんです。

ena

「うんうん」とか「わかるよ」のタイミングが絶妙なむく

mukuena

話し上手と聞き上手

ふたり
の
距離感

彼氏の話は意外と気まずい

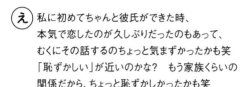

え 私に初めてちゃんと彼氏ができた時、
本気で恋したのが久しぶりだったのもあって、
むくにその話するのちょっと気まずかったかも笑
「恥ずかしい」が近いのかな？　もう家族くらいの
関係だから、ちょっと恥ずかしかったかも笑

む これはえなぴーと一緒かも、、笑
私も高校の時とか恋愛してなさすぎて、
久しぶりに彼氏ができた時は
何を話せばいいかよくわかんなかったな笑
基本私たちって、のろけ話得意じゃないかも、、
すきぴ！とかの話の方がラフに話せるけど、
彼氏になった途端なんか恥ずかしいんだよな、、

え そうだね、のろけとか話さないタイプだよね笑
どっちかに彼氏いないから話さないとかじゃなく
お互いいる時でも話さなかったよね笑
でもこれからできる彼氏には、むくとも仲良く
なってほしいし、ちゃんと紹介とかしたいから
このよくわからん気恥ずかしさは卒業したいな笑

む えなぴーとも仲良くなれる人を選ぶのが
まず大事なのかもね。
わかんないけど、そんな人が現れたら結婚かも
（話が壮大）

mukuena

ドライブデート　　　　信用できない

浮気されたけど好き　　別れるか迷う

ガチ恋愛相談　11:05

恋愛相談での恋バナはわりと大丈夫、、

人間だもん、どうしても病むよね

えなぴーは病んでることを表に出さないので、
「実はあの時、病んでた」とかも結構あります。
でも私はそれをわかっているので、えなぴーが病みそうな
タイミングがあったら「大丈夫だった?」と
私から聞くようにしてます。
一緒にずっといるからこそ為せる妙技です笑

あとは、相手の話を聞いてあげるのはもちろん大事なんだけど、
逆に自分が病んだ時に、相手をちゃんと頼るようにすることも
大事なのかなと思います。頼るとか相談とかって
相手に自分の弱みを見せることでもあるから、
それを片方だけするのは違うのかなと思います。

私は最近まで、それができていませんでした。
えなぴーから誕生日にもらう手紙にはよく、
「私を頼ってね!」と書かれていたんですけど、
本当にそういうことなんだと思います!
泣いちゃってもいいんです!
弱いとこを知られてもいいんです!
自分の心を開くのが相手のためになったりもすると思います。

むく

muku

「病んだから幼馴染の家行ってきた」

動画で大号泣のえなぴ

やっぱり同じ経験をしてるからこそ、
お互い同じ悩みにぶち当たったりするんですよね。
時には同じタイミングでそれぞれ悩んだりする時もあります。
でも同じ悩みを抱えてるからこそ、相手が病んでる時に、
一番寄り添えると思ってて、実際私はよく助けられてます。
今はお互い一人暮らしで近くに住んでいるので、
病んでどうしようもなくなった時は
会いに行くこともあります。
その時は大抵、病んでる方がSOSを出すことが多いです。
お互い一人暮らしだし、独り身だし( )一緒に活動してるし、
そこでちゃんと頼り合えてるのは、
とってもいいことだなって思ってます。

むくがSOSを出してきてくれた時は、まずは話を聞きます。
普段は「わかる、私もさ、、」って自分の話もしてしまうけど
この時だけはとにかくひたすら聞きます。
病んでる時は文字でも言葉でもいいから、自分の頭や心の中の
モヤモヤを吐き出す作業がすごく大事だと思うので、とにかく思っ
てること全部話してほしいという気持ちで聞きます。
「そっかそっか、そうだよね」と話を聞いたら、
あとは私には笑顔にすることしかできません。
本当は言葉で励ましたりしたいけど、どうしてもそれが
下手くそなので、私にできる限りの励ましです。

私のうまくいかなかった話とか、ちょろい話とかをします。
「結局自分の話してるやん」って感じなんだけど、悩んだ時は
しょうもない人間(私)を思い出してほしいんですよね、
こんなやつでも頑張って生きてるんだな、って感じで笑
むくが、(泣いて)赤くなった目でクスッと笑ってくれると
なんだかホッとします。

この励まし方が果たして合ってるのかは
わからないんですけど、
私にできるのはやっぱりこれくらいなので、
元気になってほしいという一心で、
むくが病んだらこれからも笑かしに行きますよ!

ena

どうやったら
自信もてる？？

8:38

にきびーつで病むこともある！

女子の
人付き
合い

友達の作り方

私、ありがたいことに今までの人生で
友達関係でうまくいかなかったこと、あまりないんです。
ケンカとかもないし、絶縁したとかもないです。
もしかしたら、友達とのいい距離感を保つのが上手な方なのかも。
私はえなぴーと違って誰とでも仲良くなれるタイプじゃなくて
無理するのも苦手だから、「違うかもな〜」と思うと
ある程度の距離感を取るようにしてます。
一見距離を取るのって、冷たい印象になるかと思うんですけど
これ結構大事で、逆に嫌いな人を作らないことになるんです。
嫌いな人がいないと、悪口とかも言うことがないんです。
無理して関わってお互い嫌な気持ちになるより、断然ハッピー
じゃないですか?
しぬほど平和主義なんですよね!　私はどちらかというと人間関係
は慎重派だから、すぐに打ち解けるとかが難しいんです。
でもこの子とは仲良くなれそうって思った子は
本当にすごく気が合って、すぐに打ち解けたりします。
でもそう思える子ってたくさんはいないので、「この子だ!」
って思ったら自分からめちゃくちゃアタックします。
グループで仲良いのも大事だけど、結局2人で楽しく
会話できて「楽しい」を共有できることが私はうれしいので、
最初から2人で遊ぼう!って誘うんです。
2人で遊んで楽しければ、仲良くなるスピードは速いです。

muku

高校時代の親友と

私は誰とでも仲良くなれるタイプです、てかしたいタイプ！
基本的に人が好きなんだと思います笑
そりゃあ性格悪い人とか意地悪な人とは
仲良くなりたいと思わないですよ？
でも、そもそもそういう人にあまり会ったことないんだよね。
自分で気づかないうちに避けてるのかな？
だから基本「誰とでも仲良くなりたい！」って思うんです。
そんな私も、根っから友達を作るのがうまいタイプって
わけでもないんです。隠れ人見知りみたいなところがあります。
本当は自分から話しかけるのって緊張するし、
話題だって色々探して、色々質問してみたりします。

よく新学期シーズンになると、ファンの子から
「どうやって友達を作ればいいか？」っていう相談がきます。
その気持ち、とってもわかります。
きっとみんな、「仲良くなりたいけど緊張しちゃうなぁ」って
思ってるんですよ。
だから、「お互いそう思ってるなら、話しかけないと
もったいないじゃん！」と思って、
私も勇気を出して声をかけたりご飯に誘ってみたりしてます。
逆の立場になったら、私ならすっごくうれしいから、
「嫌がる人はいないよね！」って信じて
ガツガツいっちゃいます笑

どっちかがガツガツいかないと始まりませんからね！
恋も友情も！笑
もしそれで私のガツガツが合わない人がいたら、
タイプが違うのかもしれないです。
そういう人もいて当たり前です。

あと、私は周りからの「コミュ力高い人」というイメージに
若干洗脳されてる気もします笑笑
「えなっていう人間はコミュ力高いんだ！
きっとここで、この子と打ち解けられちゃうはず！」って、
そういう自分に少しなりきって人に話しかけていけてる部分は
あるかもしれない。
思い込みも大事ですよね笑
これが、私が人と仲良くなる時のカラクリかもしれないです。

ena

初対面から一気に距離を縮めるえなぴ

mukuena

それぞれの距離感を楽しむ

"17年間ケンカゼロ"の理由

む ケンカはしたことないですね～。
本当は1個くらいあったほうが、こういう時にネタになって
いいのかもしれないとまで思ってます、、笑
逆に大人になってからのケンカってどう起きるんだろう??
今までそういうことがなかった私たちがケンカする時って
どんなことで、どう怒って、どんな仲直りの仕方なのか、、
普通に気になっちゃう今日この頃です^^
でも、もしこの先ケンカがあったとしても絶対大丈夫かも!
相手のいいところをたくさん知ってるから、
冷静に考えてお互いの話を聞き合えば、
絶対に大丈夫!
だからケンカになりそうな時は、怖がらずにしてみようね!笑

え これが本当にないんですよね、、笑
本当にいろんなとこで聞かれて、
「ないんですよ～笑」で会話が終わっちゃう笑
でもこれってうちらの性格が正反対だからだと
思うんですよね。
正反対だと一見うまくいかなそうだけど逆で、
どっちかが苦手な部分はどっちかが補えるんです。
それはお互い様だから、自分が足りないところがあっても
申し訳なくなる必要もない。
長年一緒だと、それすごく大事。
マイナスをマイナスとしないこと、ですね。

mukuena

この先ケンカしても絶対大丈夫！

でも1個だけ秘密があります……

え 相方に秘密にしていること、ありますか...?
ちょっとドキッとしたけど、思いつかなかった笑
本当にしょうもないことでもむくに話しちゃうし、
むくの知らない友達との面白かったことも話すし、
秘密にしてることはないかも笑

む 相方が何もないって言ってるところ申し訳ないん
ですが、、私は一つだけあるな〜〜笑
でも本気で秘密にしてたらここにも書かないから、
いつか話すと思います、、笑
秘密にしてる理由はタイミングですね!
しょうもないっちゃしょうもないことだから
余計に言う時が難しくなっちゃったかも!
まぁ今度話すね!
全然おもろい話だから怖がらないでね!

え 待って、あるんだ笑笑
しょうもないことなのに「秘密」って言われて
思い浮かぶって、結構インパクトありそうで、
気になりすぎて寝れないです笑
今、聞きたいぐらい気になるけど緊張するから
この本の発売日に教えてもらうとかどうです?笑

うちらが
「おばあちゃん」
になっても

動画なしで"ふたりテーマパーク"

む これからやりたいことについて考えると
仕事以外なら、前に話したことあるけど、
動画なしでディズニーとかユニバとか行きたい。
高校生の頃から活動してるから、
2人でディズニー行くってなると
絶対動画回してるから、めっちゃ新鮮だと思う!
全然撮影してても楽しいけど、
やっぱり何にも気にせず回れる
テーマパークって絶対楽しいよね!

え それはしたい!
他の友達も含めてのカメラなしはあっても
2人だとどうしても動画撮っちゃうからね〜笑
やろうと思えば明日にでも実現できるくらい
簡単なことだけど、実は結構難しいことかもで、
せっかく来たのに動画撮らないのもったいない!
って絶対思っちゃうし、カメラのない2人での
テーマパークとか慣れてなさすぎて
ソワソワしそう笑　面白いことが起きようもんなら悔しすぎて
もはや帰った方がマシまであるよね( )

む そうなんだよ()
なんなら動画ないほうが伸び伸びしてるから
余計に面白いこととか起きがちなんだよな～。
だからなんだかんだ悔しい思いばっかりして
楽しめなかったオチあるよこれ、
もう矛盾も矛盾だけどね笑
ていうかこういう将来の話って
絶対ふざけた提案しか出てこないかも、
えなぴーの婚約相手決まったら
両家の顔合わせに出席とかしてみたい!
みたいなのしか思いつかないもん笑
まあ深いこと言っちゃうと、
こういうふうにずっと変わらず
ふざけて楽しく一緒にいられればいいよね、、!
(いい感じのBGM)

え あ、今むくさんから
大変ありがたいお言葉いただきました、、
でも本当にそうで、やっぱり年齢とともに中身も
どこか大人になっていっちゃう一方で
ずっと変わらず、しょうもないこと言えるのも
一個の幸せというか、それを同じテンションで
共有できる人がいるのってすごく大きい。
この気持ちもこの関係値も、大事にしたいよね。
両家の顔合わせだけは参加お願いね、、!

結婚・出産について……

え 結婚して出産してって、まだ先の話って思うけど
リアルに3年以内とかに
お互い子どもいたりするかもしれないんだよ??
一つ言えるのは、同じ時期くらいに
結婚と出産できたら最高ってこと笑

む 厳しいよね〜流石に、今まで発言とか考えてることとか
失恋するタイミングまでカブることあったけど、
ここまで一緒のタイミングだったら逆に
怖いもんね、でも考えるとワクワクするな〜。
えなぴーとは友達でもあり親友でもあり仕事の
仲間でもあり姉妹みたいでもありって感じで
いろんな関係性があるけど、そこに「ママ友」が
追加されるんだもんね笑　エモいかも。。
(あくまでどちらも無事結婚して出産した
場合に限りますが、、笑)

む 同じ小学校とか通わせたいもんね、笑
なんなら男の子と女の子で、お互いが初恋で
付き合ったりとかしたら漫画すぎるよね!!!
そこまで行くと非現実的すぎる話だけど笑
でも、お互いの環境が変わっていったとしても
うちらの関係性は変わってなさそう。

え むくえなの独特の空気感には
旦那さんも我が子も入り込めなくて、
うちらだけがツボに入って笑ってたりするの笑
これから先もずっと近くに住んでそうだし笑
でもそれが結局一番の理想かも。

む 多分本当にそうなのよね()　変わらないんだと思う。
でもママ友になったらせっかくだし
上辺だけの会話でその場をやり過ごすみたいな
ママ友あるあるとか再現してみたいけどね、、!
あとは子ども達に「ママ達が若い頃はね〜」って
小学生の頃の思い出に始まり、動画のこととか、
この書籍のこととか、あの思い出の夏の話とかも
一緒に話せたら最高だな〜〜。
今からその将来めっちゃ楽しみかも笑
もし「今日母乳出ないよ!」なんてことあったら
全然あげに行くから、遠慮しないで言ってね?

え え、絶対懐古トーク聞かせよ?
お酒飲むたびに同じ話するから、子ども達に、
「それもう何回も聞いたよ」って呆れられるの。
もうその光景思い浮かべただけで
幸せすぎて涙出てくるかも()
もはや一つの家族みたいなくらい、
むくの旦那さんとも仲良くしたいし
うちの旦那さんとむくの旦那さんも意気投合してほしい笑
夏は絶対毎年バーベキュー行こうね!
サマランも!　あと母乳は結構です。

muku

むくの理想の家族（むく画）

ena

えなぴの理想の家族（えなぴ画）

将来の家族妄想

将来の家族、、あんまり考えたことなかったかもです、、笑
なんせ結婚願望はあっても遠い未来すぎて
ちゃんとは想像できてなかったのかも。
でも一つあるのは、子どもは2人は欲しいってことかも。
それで大きくなったら、私のお下がりとかあげれたらいいし
お買い物に一緒に行きたいから、女の子は絶対欲しいです、、
そして私は姉がいて、とっても楽しかったから
姉妹だったらいいな〜〜。
あと私はしっかりしてないところが多いから、
頼りになるお兄ちゃんも！笑
ってなわけで家族構成決まりました！！笑
旦那さんは、私のことが大好きだったらなんでもいいかも
と言うと大袈裟ですが、、お互いに足りないところを
補い合える相手だといいですよね。
あとは家族旅行とかはちゃんと行けるくらいの、贅沢する時は
ちゃんとできるくらいの経済力は欲しいです（現実的）。
会話が絶えない楽しい家庭が築けたらうれしいです。
あと子どもたちのことは
旦那さんと死ぬほど愛していきたいです。
そんな感じです。いつか結婚した時、
ちゃんと叶えられてるか振り返ります、、笑

むく

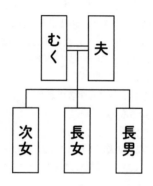

むく将来の理想の家系図

将来の家族については、あまり考えたことなかったですね。
どんな旦那さんがいいかならよく友達と話すんですけど、笑
それでいうと毎回言ってるのは安心感がある人がいいです。
結婚して子どもが産まれたら不安もたくさん出てくると思うけど
そういう時にどしっと構えてる人がいいな、知識もあった上で
冷静に対処してくれたら心強いですよね。
あとは子どもが産まれたら
遊園地とかたくさん連れていってあげたいし
いろんな経験もさせてあげたいです。
夏はスイカ割りしたり冬は公園で雪だるま作ったりとか
そういう、特別な場所に行かなくてもワクワクすることを
一緒に楽しみたいですね。
ベタなことこそ経験させてあげたいです。
昔はパパみたいな人とは結婚しないようにしようとか
うちのママみたいなママにはならないようにしようとか
思ったりしてたんですけど(ひどい)
今ではパパみたいな人と結婚したいしママみたいなママに
なりたいです。それで子どもは3人くらい欲しいです。
むくの子どもと自分の子どもが一緒に遊んでる姿とか見てみたい
なぁ。エモすぎる笑
一緒にYouTubeやるとか言い出したらどうしよう。
(先走りすぎ)

えなぴ

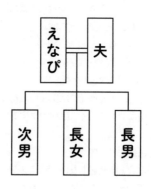

えなぴ将来の理想の家系図

「むくばあさん」と「えなぴーおばあ」

え もうなんか、
むくえながおばあちゃんっていうだけで
想像したら面白すぎて最高かも()
流石におばあちゃんとかになったら
YouTubeとかはやめてて、
でも一緒にはいるのかな。
とか思う半面、なんだかんだその頃も
なんかしらはしてそう!とも思う笑
うちはおしゃれ楽しんでる
パワフルなおばあちゃんになりたい笑
友達とカラオケ行くおばあちゃんとか憧れるから
おばあちゃんになっても一緒にカラオケ行こ?笑

む わかる、私、結構
おばあちゃんになるの楽しみにしてる人だから、
自分がおばあちゃんになった時のこととか
想像したりするんだけど、
なんかめっちゃおもろいんだよね()
絶対ちっちゃいし、なのに腰とか強いんだよ。
知らんけど笑
えなぴーも意地でも腰曲げないと思うよ、、
髪をピンク色に染めたりとかしてたら楽しいよね。
私もおしゃれ愛嬌おばあちゃんになりたい、
フリルとかリボンとか猫ちゃん柄のセーターとか
着ててほしいな〜。

（**む**）カラオケは絶対行きたいし、そのあとホイップ多めの
パンケーキとか挑戦しに行きたい笑
プリクラも流石に撮っちゃうかも。
もはや今より若い遊びしててほしいな～。

（**え**）やばい最高すぎて
一回今おばあちゃんやらせてほしいかも()
あとディズニーで絶対カチューシャつけよ?笑
ゴテゴテのネイルとかもまだまだ現役ですから、
映えさせたい、もはやお互いの孫連れて
一緒に行くのとかも楽しそう笑
優雅にミラコスタ泊まっちゃってね、、
もしくはずっと独身でおばあちゃんになって、
その歳でも恋愛してるとかもありかも。
「すきぴがさ～」とか恋バナしてるおばあちゃん、
楽しすぎでしょ、、
あ、老人ホームは絶対同じところ入ろう?

（**む**）うわ～えなぴーおばあが
ネイル映えさせてるの想像つくな～笑
#newnail #市松柄ネイル　だよ絶対。
おばあちゃんになっても全然現役で恋バナしてたい。
すきぴとか言ってても多分会話の深みが
段違いなんだろうな、、それこそ、
すきぴが老人ホーム入っちゃってさ～とかね?
こういう「もしも話」って一生語れちゃうかも、
これ書いてて気づいたらおばあちゃんでしたって
オチは嫌なので、そろそろこの辺で、!

むくが描いたおばあちゃんになった2人

ena

えなぴが描いたおばあちゃんになった2人

友達になれて「大変よくできました」

むくには本当に感謝しかなくて、
これは誕生日の手紙に毎年書いてることなんだけど、
まず、あの時私をミクチャに誘ってくれてありがとう。

正直あの頃のうちらは、もちろん仲良かったけど、
周りからも自分たちからしても"むくといえばえな"
ってほどニコイチみたいなペアではなかったんだよね。
2人で遊ぶこともあったし、一緒にいると落ち着くけど、
やっぱり正反対だし、そことそこがペアなんだ、って感じ笑

当時は深く考えてなかったけど、今思うと少し不思議。
でもそれもむくの勘かなって思うと、なんかうれしいです、笑

人前に出ることとか、キラキラした世界に憧れを持ってたから、
歌手も女優もモデルも、一回はなりたいって思ってたけど、
そんな才能なくて、とうの昔に現実見て諦めた。
けど、今こうやってむくに誘われてこの世界に入れて、
全部に挑戦できてる現実があります。
思いがけずYouTuberになったけど、
その先には私のやりたかったことがいっぱいあって、
棚からぼたもちみたいな幸せな状況で、、
うちらの関係性も、私自身も、全然変わってないけど、

でも180度世界が変わった感覚なんです。

そのきっかけをくれたむくには、
いつまで経っても感謝しかありません。

あの時、私を誘ってくれてありがとう。
そして、いつも私を支えてくれてありがとう。

自分の語彙力で表現しようとすると
めっちゃありきたりな表現しかできなかったんだけど、
この一言にはたくさんの気持ちがこもってます。
全部が極端で、全力すぎる私だから、俯瞰して意見をくれる
むくにいつも助けられていると思います。
無理しちゃいそうな時も「そんなに頑張ろうと思いすぎなくて
大丈夫」と言ってくれて、ネガティブに考えてしまう時は
「そんなふうに考えなくて大丈夫」と言ってくれる。

周りから見ると、私の方がガツガツしてて
むくは熱がなさそうに見られることもあるけど
全然そんなことなくて、むしろ人一倍熱を持ってるタイプ。

いつも味方でいてくれるむくの存在がなかったら
私の人生は始まらなかったし、続いてもなかったなって思う。

こんな私だから、間違えることもむくを困らせることも
これから正直たくさんあると思う。
もしかしたら、幻滅されちゃうこともあるかもしれない。

でも私はむくを悲しませようと思うことは絶対にないから、
きっとどれも熱くなりすぎてやってしまったことだと思うの。
だからその時は私を怒ってほしいし、慰めてほしいし、
いつまでも支えてほしいです。わがままだけど、笑

その分、私はむくをこれからもたくさん笑わせたいし、
むくとたくさんすごいことしていきたいし、
おばあちゃんになっても一緒にふざけたい。

これから先も一生よろしくね！

ena

「おばあちゃんになっても一緒にふざけよ」

（えなぴ）

えなぴーには感謝しかないです。えなぴーは毎年、
私がSNSに誘ったことを感謝してくれるけど、
私からしたら、それをやってみようって思ってくれて、そして
それを続けようって思ってくれて、一緒に頑張ってくれて、、
私なら人からやろって言われたことをこんなに頑張るのは
絶対に無理だから、本当にうれしいし、
ありがとうって心から思ってます。
私は中学卒業してお互い別々の高校に進学するってなった時、
「えなぴーとはずっと一緒にいるべき」って
なんかのお告げなのかよくわかんないけど
そう思ってて、会う口実を作るために誘ったわけだけど、
それって人生で初めての経験だったし、あとにも先にもない。
今こうやって続けていて仕事にもなっててって考えると
こういう運命（さだめ笑）だったのかなって思います。

っていうのが今までのかっこいい（?）私です、、、
何より単純にえなぴーのことがめっちゃ好きだったんだよね笑
単純に一緒にいるのが楽しすぎて、悩んでることがあっても
どうでもよくなるの、、いつもしょうもないことで爆笑して、
私たちにしかわからないツボがあって、
時にはそれで人を困らせてしまうくらいで、、

そんな人と卒業してたまにしか会わない関係になるなんて
絶対嫌だったんだよね、
この仕事は大好きだけど、私からしたら苦手なことも多くて、
自分に合ってないなってこともたくさんあるけど
それでも続けられてるのはえなぴーとだからです。
えなぴーとやるから楽しいです!

もちろん、自分1人じゃ絶対飛び込まなかった
この世界で発見する自分の好きなこととか、
楽しいこともたくさんあるけどね!

でも、結成当時の私の目論見が、
今もこんな形で続いてるって思ったら、大成功だよね!
(流石に一緒に書籍を書くくらいになるのはやりすぎですが!)
(やりすぎとか言ってごめんなさい)

あの時えなぴーを誘った私には特大花丸をつけてあげたいし、
誘いに乗ってくれたえなぴーには、
「大変よくできました」スタンプを押したいです。

えなぴーは深く考えすぎるところがあって、よく病むし、
人と比べたりしちゃう時もあるけど、私はそういうえなぴーの
一面を見るたびに反省してます。

私はこんなにえなぴーの素敵なところを知っているのに
それをちゃんと伝えられていないのかなって、
愛を持って人と接することができるところとか、
人を楽しませる才能があるところとか、
周りを見れて気をつかえるところとか、
努力家で責任感が強いところとか、
お世話焼きで自分を後回しにしちゃうところとか、
心配性なのになんかうまくいかないところとか、
つい"つられ笑い"しちゃう豪快な笑い方とか、
顔も綺麗だし（私は鼻が特に好きかな）、髪も長くて綺麗だし、
手も大きくて指輪も映えるし、書き出したら止まらないくらい
いっぱいいっぱいいいところがあります！！！
だからもっと自分のことを好きになってね！

現に私はえなぴーのおかげで人生がものすごく楽しいし、
えなぴーがいるから、毎日こんなに笑って過ごせています！

だからあまり深く考えすぎず、ね！
えなぴーはえなぴーでいればいいだけなんだよ！

いいところも悪いところも全部受け入れてくれる人と
できるだけ一緒に過ごしてね！
自分に自信がなくなりそうになった時は言ってね！

いつでもえなぴーのいいところ言ってあげるからね！
何より隣にはこんなに心強い相方がいるからね！
いつも何にも考えてなさそうに見えて
本当に何にも考えてない相方がいるからね！
できるだけ長生きはしてね！　健康的な食事を心がけようね！
スキンケアは1日も怠るなよ！
洗濯物は3日に1回がベストだよ！
マッキーペンは急に使う時がくるよ！
猫はかわいいぞ〜！　犬も負けてないぞ！
最近日本酒にハマってます、、あ、今度2人で飲み行こうよ！
いい居酒屋あるんだ〜店員さんが元気でさ、、刺身がおいs、、

muku

ふたりの友情に乾杯!

おわりに

この本を手に取って読んでくださって
ありがとうございます。
本を書くということは初めての経験で
色々とつたない表現だったとは思いますが、
今の私たちを素直に表せた一冊に
なったのではないかなと思います。
まさか自分が本を出すことになるなんて
思ってもいなかった人生で、
これから先もこんなまさかな展開が
たくさん待っているのかなと思うと、
とっても楽しみです。
皆さんの人生を変えられるほどのことは
書いてありませんが、
日常の中にある大切なことを
思い出すきっかけになったら嬉しいです。
世の中大変なことばかりですが、
健康第一に、そして自分の大切なものは見失わずに、
できるだけ笑って過ごしてください!
次は私たちがママ友になった時、
子育て本でまたお会いしましょう。
最後まで読んでくれてありがとうございました。

むく

この本を手に取ってくれて、ありがとうございます。
初めての書籍で、最初は自分たちに
本が書けるのか不安でしたが、
こうしてちゃんと本になったのを見ると、
安心と嬉しい気持ちでいっぱいです。
自分たちの生い立ちや考えを書いてみたら、
友達愛、家族愛、仕事愛、相方愛、、
いろんな愛が詰まった本になりました。
この本を読んだ後、少しあったかい気持ちに
なってくれてたらうれしいです。
そしてもしその時思い出す人がいたら、
その人に連絡とかしてみてほしいです。
「元気?」とか「ご飯行こうよ」とか。
この本を読んで思い浮かぶ人なんて、
絶対あなたの人生に欠かせない人だと思うので、
大切にしてほしいなと思います。
友達でもあり、仕事仲間でもあり、
家族みたいな存在でもあり…
そんな不思議で面白い私たちの言葉が、
これを読んでくれたあなたのこれからの人生のヒントに
少しでもなったら、これほど幸せなことはないです。
最後まで読んでくれてありがとうございました。

えなぴ

Special Thanks

支えてくれている家族
大好きな脇下家、友達のみんな

仲良くしてくれてるクリエイターの皆さん

マネージャーの岩堀さん、しんどうさん（GROVE）

執筆を見てくださった吉原さん（宝島社）

そして、いつも応援してくれてる
大切なファンの皆さん

Staff

Creator Management
T-Iwahori, M-Shindo(GROVE)

Book Design
Osamu Matsuzaki(yd)

Icon illustration
ery

photo & illustration for explanation
mukuena

p.196 photo
Ayumi Kuramochi

DTP
Shigeko Yagimoto

Proofreading
Shuchinsha

Edit
Ayano Yoshihara(Takarajimasha)

むく＆えなぴ
フルカラー
描き下ろしイラスト

むらさん

おばあちゃん

おば

おじ

いとこ兄

いとこ弟

天パっぽい

楽しそうに
笑り

優しい目

冬こはニット

口が大きい

- 目にかかるくらいの
  前髪

- えりあし

- ゆるめの服装

- 色白

- 高身長
    etc...

えなばーちゃん

むくばーちゃん

宝島社
文庫

おかしな友情
正反対のウチらが一生モノの友達になるまで
（おかしなゆうじょう せいはんたいのうちらがいっしょうもののともだちになるまで）

2024年1月1日 第1刷発行

著　者　むくえな
発行人　蓮見清一
発行所　株式会社 宝島社
〒102-8388　東京都千代田区一番町25番地
　　　　　電話：営業 03-3234-4621／編集 03-3239-0927
　　　　　https://tkj.jp
印刷・製本　株式会社広済堂ネクスト

First published 2023 by Takarajimasha, Inc.
©mukuena 2024　Printed in Japan
ISBN 978-4-299-05068-7